BIM技术与应用系列规划教材

建筑设备
BIM技术及工程应用

孙成才　鲁丽华　主编

化学工业出版社
·北京·

内 容 简 介

《建筑设备 BIM 技术及工程应用》主要介绍了建筑设备 BIM 技术基础知识，对利用 BIM 技术进行建筑设备的设计要求和相关原则进行了阐述。然后介绍了建筑设备 BIM 软件的设计应用，主要包括对 Revit 软件建模基础介绍，Revit 族功能介绍，建筑给排水、暖通空调、电气的建模应用；最后介绍了 BIM 建筑设备的综合应用，包括设计、验收和运营阶段。本书将软件操作和专业知识结合起来，着重提高读者利用 BIM 进行建筑设备工程应用的能力。

本书适合建筑环境与能源应用工程、供热供燃气通风及空调等专业方向本科、研究生教学使用，也可供从事建筑设备安装、设计工程领域的人员使用。

图书在版编目（CIP）数据

建筑设备 BIM 技术及工程应用/孙成才，鲁丽华主编． —北京：化学工业出版社，2021.8
BIM 技术与应用系列规划教材
ISBN 978-7-122-39411-8

Ⅰ.①建⋯　Ⅱ.①孙⋯②鲁⋯　Ⅲ.①房屋建筑设备-建筑设计-计算机辅助设计-应用软件-教材
Ⅳ.①TU8-39

中国版本图书馆 CIP 数据核字（2021）第 127980 号

责任编辑：刘丽菲　　　　　　　文字编辑：师明远　林　丹
责任校对：刘　颖　　　　　　　装帧设计：韩　飞

出版发行：化学工业出版社（北京市东城区青年湖南街 13 号　邮政编码 100011）
印　　装：北京建宏印刷有限公司
787mm×1092mm　1/16　印张 12¼　字数 291 千字　　2022 年 1 月北京第 1 版第 1 次印刷

购书咨询：010-64518888　　　　售后服务：010-64518899
网　　址：http://www.cip.com.cn
凡购买本书，如有缺损质量问题，本社销售中心负责调换。

定　　价：49.80 元　　　　　　　　　　　　　　　　版权所有　违者必究

前　言

建筑设计领域经历了两次革命，第一次革命是计算机辅助技术（CAD）的发展，使得建筑设计从原来的图板绘制迈入了 CAD 时代，大大提升了绘图效率，称为"甩图板"革命。第二次革命就是由于建筑信息模型 BIM（Building Information Modeling）技术的产生，计算机绘图从二维迈入了三维时代，而且这个三维模型不是简单的三维几何模型，而是含有丰富工程信息的信息模型。BIM 技术贯穿于建筑的全生命周期，涵盖从方案设计、施工、运维管理等全过程应用。未来，BIM 技术将推动中国智能建造更快更好地发展。

就目前发展趋势而言，BIM 技术应用将越来越深入，政府鼓励在工程项目中应用 BIM 技术，建筑设计企业纷纷成立 BIM 中心或研究院，施工项目全面应用 BIM 是大势所趋。建筑对 BIM 技术人才的需求越来越大，越来越迫切。BIM 技术的应用不是仅限于建模人员，而是项目所有工程技术人员都必须掌握并熟练应用的，如同使用 CAD 一般，将成为工程技术人员的基本必备技能。作为培养建筑行业人才的高校，应推广 BIM 技术，培养懂 BIM 技术的人才，这也是编写这本教材的初衷。

BIM 技术由于所见即所得的特点，在建筑设备方面具有天然的优势。在二维图纸时代，建筑、结构、机电等各个专业的设计相互独立，缺乏有效、精准的协调与互动，容易造成空间布局不合理，高程控制不如意、动线走向不优化等，甚至经常引起施工中的反复变更。而 BIM 将整个设计整合到一个共享的建筑模型空间中，结构与设备、设备与管线间的空间关系，将一目了然地显现出来，工程师们甚至可以以超越实际现场查看的方式，在高仿真的三维模型中以任意视角查看、巡游、模拟并尝试现实中的各种方案，准确地寻找到最佳的高程控制、空间共享及最合理的动线安排，并最终整合成一个最优化的综合设计方案。

基于此，本书编写了建筑设备 BIM 设计基础知识，对 BIM 设计过程中建筑设备管线排布避让原则，建筑设备 BIM 技术要求进行了详细介绍。然后介绍了 BIM 的建模基础，为接下来的工程应用打下基础。接下来编写了建筑设备中给排水系统、暖通空调系统和电气系统三个方面的 BIM 设计应用，帮助读者进一步掌握 BIM 建模基础实践应用。最后，分别从建筑设备设计阶段、建筑设备验收阶段、建筑设备运营阶段 BIM 的工程应用进行了介绍，为读者从事 BIM 工程工作提供借鉴。

本书由沈阳工业大学孙成才、鲁丽华担任主编，负责全书框架设计。第 1 章由沈阳工业大学鲁丽华老师编写，第 2 章至第 4 章由沈阳工业大学孙成才老师编写，第 5 章至第 6 章由沈阳工业大学张帆编写。全书由孙成才负责统稿。

本书在编写过程中，与百川伟业（天津）建筑科技股份有限公司进行合作，得到了企业专家和专业技术人员的大力支持，他们为本书提出了许多宝贵意见和建议，在此表示衷心的感谢。

由于编者水平有限，书中疏漏在所难免，敬请批评指正。

编者
2021 年 12 月

目 录

第1章 | 绪 论

1.1 BIM 的定义及应用价值

在信息技术蓬勃发展的今天，BIM 技术正在引领建筑领域的快速变革，传统的建设项目信息管理模式已逐渐追赶不上我国建筑业的发展形势。BIM 技术是顺应建筑业发展而诞生的一种可应用于工程设计、建造、运营等各个阶段的信息化技术，通过参数模型整合信息进行信息共享和传递，可以实现协同工作、管线综合等应用，通过"BIM＋"与Energy Plus 等扩展分析软件关联可以实现方案论证、性能分析等研究，与互联网、云计算、大数据以及 VR/AR 等技术结合可以打造智慧管理平台等，在提高工程质量、节约成本、提高工作效率、缩短工程工期、减少返工、增加宣传效果和减少资源浪费等方面发挥着重要的作用。

1.1.1 BIM 的定义

国际 BIM 联盟（Building SMART International）对 BIM 的定义是：BIM 是英文短语的缩写，它代表三个不同但相互联系的功能。

建筑信息模型化（Building Information Modeling）：是生成建筑信息并将其应用于建筑的设计、施工以及运营等生命期阶段的商业过程，它允许相关方借助于不同技术平台的互操作性，同时访问相同的信息。

建筑信息模型（Building Information Model）：是设施的物理和功能特性的数字化表达，可以用作设施的相关参与方共享的信息知识源，成为包括策划等在内的设施全生命期的可靠的决策基础。

建筑信息管理（Building Information Management）：是通过利用数字模型中的信息对商业过程进行的组织和控制，目的是提高资产全生命期信息共享的效果，其好处包括集中而直观的沟通、方案的早期比选、可持续性、有效的设计、专业集成、现场控制、竣工资料等，从而可用于有效地开发资产从策划到退役全生命期的过程和模型。

我国 2018 年实施的标准 GB/T 51235—2017《建筑信息模型施工应用标准》中的定义与此一致，但有两层含义：①建设工程及其设施物理和功能特性的数字化表达，在全生命期内提供共享的信息资源，并为各种决策提供基础信息；②BIM 的创建、使用和管理过程，即模型的应用，对应上述"建筑信息模型化"和"建筑信息管理"[1]。

BIM 技术是基于三维建筑模型的信息集成和管理技术。该技术是应用单位使用 BIM 建模软件构建三维建筑模型，模型包含建筑所有构件、设备等几何和非几何信息以及之间关系的信息，模型信息随建设阶段不断深化和增加。建设、设计、施工、运营和咨询等单位使用一系列应用软件，利用统一建筑信息模型进行设计和施工，实现项目协同管理，减少错误、节约成本、提高质量和效益。工程竣工后，利用三维建筑模型实施建筑运营管理，提高运维效率。BIM 技术不仅适用于规模大和复杂的工程，也适用于一般工程；不仅适用于房屋建筑工程，也适用于市政基础设施等其他工程。

综上，BIM 的含义可总结为以下三点：

（1）BIM 是以三维数字技术为基础，集成了建筑工程项目各种相关信息的工程数据模型，是对工程项目设施实体与功能特性的数字化表达。

（2）BIM 是一个完善的信息模型，能够连接建筑项目生命期不同阶段的数据、过程和资源，是对工程对象的完整描述，提供可自动计算、查询、组合拆分的实时工程数据，可被建设项目各参与方普遍使用。

（3）BIM 具有单一工程数据源，可解决分布式、异构工程数据之间的一致性和全局共享问题，支持建设项目生命期中动态的工程信息创建、管理和共享，是项目实时的共享数据平台。

在整个建筑设计领域，经历了两次大的变革（图 1-1），第一次是由手工绘图向计算机辅助设计（CAD）转变的设计模式，随着信息技术的发展，建筑领域也实现了第二次大的变革，就是从 CAD 到 BIM 的转变，摒弃传统设计中资源不能共享、信息不能同步更新、参与方不能很好相互协调、施工过程不能可视化模拟、检查与维护不能做到物理与信息的碰撞预测等问题。相对传统的 CAD 软件而言，BIM 软件使用模型元素，CAD 软件使用图形元素。BIM 软件可以比 CAD 软件处理更丰富的信息，如技术指标、时间、成本、生产厂商等；BIM 软件具有结构化程度更高的信息组织、管理和交换能力。

BIM 改进了结构设计和建造的方式。CAD 对手工绘图进行改进，BIM 在 CAD 基础上得到了改进。区别在于 BIM 涉及的项目参与者比图纸设计师还要多，因为 BIM 技术不仅仅应用在设计阶段，它可以应用在项目规划、设计、施工、运维管理等各个阶段，也就是说 BIM 技术是贯穿于建筑全生命周期的（图 1-2）。就像航空和汽车工业的数字模型一样，建筑工程也进入了信息化、数字化的时代。

图 1-1   图 1-2

1.1.2　BIM 的特点

一般来讲，BIM 具有五个特点，即可视化、协调性、模拟性、优化性和可出图性。

（1）可视化，所见即所得。在 BIM 建筑信息模型中，由于整个过程都是可视化的，所以，可视化的效果不仅可以用作效果图的展示及报表的生成，更重要的是项目设计、建造、运营过程中的沟通、讨论、决策都在可视化的状态下进行。三维模型可使项目在设计、建造、运营等整个建设过程可视化，方便进行更好的沟通、讨论与决策。

（2）协调性。CAD 制图时代各专业项目信息容易出现"不兼容"现象。如管道与结构冲突，各个房间出现冷热不均，预留的洞口没留或尺寸不对等情况。使用 BIM 协调流程进行协调综合，减少不合理变更方案或者问题变更方案。基于 BIM 的三维设计软件在项目紧张的管线综合设计周期里，提供清晰、高效率的与各系统专业有效沟通的平台，更好地满足工程需求，提高设计品质。

（3）模拟性。利用四维施工模拟相关软件，根据施工组织安排进度计划，在已经搭建好的模型的基础上加上时间维度，分专业制作可视化进度计划，即四维施工模拟。一方面可以指导现场施工，另一方面为建筑、管理单位提供直观的可视化进度控制管理依据。

四维模拟可以使建筑的建造顺序清晰，工程量明确，把 BIM 模型跟工期结合起来，直观地体现施工的界面、顺序，从而使各专业施工之间的施工协调变得清晰明了。通过四维施工模拟与施工组织方案的结合，能够使设备材料进场、劳动力分配、机械排班等各项工作的安排变得更加有效、经济。在施工过程中，还可将 BIM 与数码设备相结合，实现数字化的监控模式，更有效地管理施工现场，监控施工质量。同时 BIM 技术使工程项目的远程管理成为可能，项目各参与方的负责人能在第一时间了解现场的实际情况。

（4）优化性。现代建筑的复杂程度大多超过参与人员本身的能力极限，BIM 及与其配套的各种优化工具提供了对复杂项目进行优化的可能。

（5）可出图性。建筑设计图＋经过碰撞检查和设计修改＝综合施工图，如综合管线图、综合结构留洞图、碰撞检测错误报告和建议改进方案等使用的施工图纸。

1.1.3　BIM 的应用价值

BIM 技术可广泛应用于建筑工程、铁路工程、公路工程、港口工程、水利水电工程等工程建设领域。对某一具体的工程项目而言，又可以在其全生命期内的各阶段（规划、勘察、设计、施工、运维、拆除）应用。在不同工程建设领域、不同类型工程项目、项目全生命期不同阶段，可采用不同的 BIM 技术应用方式。

BIM 技术的主要应用价值如下：

（1）工程设计：利用 3D 可视化设计和各种功能、性能模拟分析，有利于建设、设计和施工等单位沟通，优化方案，减少设计错误、提高建筑性能和设计质量。

（2）工程施工：利用建筑信息模型的专业之间的协同，有利于发现和定位不同专业之间或不同系统之间的冲突和错误，减少错漏碰缺，避免工程频繁变更等问题。基于

4D（三维信息模型＋时间）模型，开展项目现场施工方案模拟、进度模拟和资源管理，有利于提高工程的施工效率，提高施工工序安排的合理性。基于 5D（三维信息模型＋时间＋成本）模型，进行工程算量和计价，增加工程投资的透明度，有利于控制项目投资。

（3）运营管理：利用三维建筑模型的建筑信息和运维信息，实现基于模型的建筑运营管理，实现设施、空间和应急等管理，降低运营成本，提高项目运营和维护管理水平。

（4）城市管理：基于 BIM 技术的城市建筑信息模型数据存储与利用，实现和城市地理信息系统的融合，建立完整的城市建筑和市政基础设施的基础信息库，为城市智慧城市建设提供支撑。同时，城市建筑信息模型数据的开放，能够实现建筑信息提供者、项目管理者与用户之间实时、方便的信息交互，有利于营造丰富多彩、健康安全的城市环境，提高城市基础设施设备的公共服务水平。

1.1.4 BIM 在建筑设备专业的应用价值

随着社会的发展，机电安装工程涉及生产生活的各个方面，建筑设备安装工程也随着建筑物的功能性要求的提高而涉及多个专业和种类繁多的各种设备材料，具有集成度高、复杂性高、技术性高的特点。由于各专业之间与土建之间均有关联，各专业之间的沟通和协作均影响着建筑物的设计、施工、运营质量，工程变更、增量、返工等现象频繁发生，存在沟通难、配合难、协调难的问题。

在设计阶段，传统的设计模式是根据经验判断设计方案是否合理可行，建成使用后再发现问题的话很难采取措施弥补和挽救；各专业各自为政，重复性工作造成效率低下和人员浪费，各专业之间错、漏、碰、缺的问题严重，需要设计变更和增项，影响投资和项目工期，难以完成大型项目的协同设计、异型复杂形体的建筑及绿色建筑的分析等工作。由于 BIM 模型数据共享，能够实现多专业协同设计和管线综合，可在施工前发现和解决碰撞和漏项等问题，提高工作效率和设计质量。同时，可以利用 BIM 模型在工程量统计和造价计算方面的优势对设计方案进行经济性分析，控制项目投资；通过模拟演示定性和定量分析设计方案，预判设计方案能否满足安全、功能、节能和热舒适性等要求。结合 Fluent 软件对设计方案的气流组织模拟分析结果，用于指导设计方案的比选和优化，验证设计方案的合理可行性。但是，由于受到建筑设备安装工程的特点和设计时间的限制，同时 BIM 需要的硬件、软件、人力、时间、培训等成本高，设计工作量会成倍增加，导致建筑设备系统设计仍以二维设计为主，BIM 在建筑设备系统设计中的应用多局限于通过建立机房的局部模型进行管线综合和碰撞检查，以此作为投标时的加分项，未能真正发挥 BIM 的优势，未能有效减少变更和增项的数量。

在招投标和施工阶段，传统的施工模式是各专业自定进场时间、进度安排、管道布置等，根据图纸和施工规范进行作业，只有在遇到图纸会审没有发现的问题和现场情况与图纸不符、设备进场时间拖延等问题时才会与相关专业商讨对策，可能耽误工期和发生返工、增加投资等；进度款的拨付容易因核算不准、变更手续未及时办理等情况出现欠付和超付现象，引发不满情绪；招投标划分工程范围时可能存在遗漏项目和由非专业负责施工部分，导致返工误期和没有达到设计要求，如消防联动控制模块没有安装，空调送风口由装修单位负责安装时被减小尺寸和移位，增大阻力，导致气流短路和风量减少等情况发生。利用 BIM 技术的可视化可以降低识图难度，避免识图错误，及早发现需要沟通协调、变更等问题，变事后处理为事前控制；利用 BIM 技术的协调性可以对各专业的配合、工序、进度、技术交底等进行统一安排，提高工作效率，确保施工质量、控制投资和缩短工期；BIM 技术可以进行 4D 和 5D 模拟，在设计阶段根据施工组织模拟施工过程，从而确定合理的施工方案来指导施工，计量拨付进度款，实现成本控制、质量控制、安全控制和进度控制；利用 BIM 技术的优化性可以进行管线深化和优化、碰撞检测和处理、指导下料加工等。由于建设单位多提出 BIM 应用的要求，同时高效率的 BIM 技术能够有效控制施工成本和保障工期，因此目前施工阶段是建筑设备安装工程应用 BIM 技术的主要阶段，应用的主力军是施工单位。但是，由于设计出图是二维，施工单位需利用 CAD 图建立完整的机电 BIM 模型，再利用 BIM 模型进行预埋预留、综合支吊架、预制加工、深化设计、管线综合设计、碰撞检查、方案优化、工程量统计、施工管理等。

　　验收环节处于施工阶段的末期，该环节目前的工程做法是对安装质量采用指标控制，对设备通过运行调试保证安装质量，对室内环境采用有严格工艺要求的特殊环境通过测试定量评价室内环境、一般建筑采用主观评价的方式进行验收。利用 BIM 技术可对建筑的热舒适环境进行预测，通过预测值判断建筑内部环境的合格情况，通过预测能够减少不合格情况，规避工程交付使用后出现的室内热舒适环境不达标情况，节省人工成本的同时起到风险预测作用。

　　运营阶段是建筑全生命周期中最长的阶段，影响着建筑运行能耗和维护费用，建筑设备系统的运行管理由建设单位或物业单位负责。在运营阶段，传统运营数据依靠归档资料，信息存在局限性，无法为后期运行维护提供准确、连续、完整、直观的信息资料。由于 BIM 技术的理念是服务于建筑的整个生命周期，建筑信息模型能够提供可靠、全面、详细、开放的信息支持，实现建筑信息管理，方便建筑设施维护，提高设备维护效率；同时可以利用 BIM 技术的可视化通过场景浏览进行运营宣传，增大项目的收益；还可以利用 BIM 技术的模拟性演示火灾、地震等紧急情况下的疏散、施救方案，用于指导逃生和消防指挥，以最大限度地降低生命财产损失。

1.2　BIM 的发展现状

　　BIM 作为对包括工程建设行业在内的多个行业的工作流程、工作方法的一次重大思索和变革，其雏形最早可追溯到 20 世纪 70 年代。查克伊士曼（Chuck Eastman，Ph. D.）在 1975 年提出了 BIM 的概念；在 20 世纪 70 年代末至 80 年代初，英国也在进行类似 BIM 的研究与开发工作，当时，欧洲习惯把它称之为"产品信息模型（Product Information Model）"，而美国通常称之为"建筑产品信息模型（Building Product Model）"。1986 年罗伯特·艾什（Robert Aish）发表的一篇论文中，第一次使用"Building Information Modeling"一词，他在这篇论文描述了今天我们所知的 BIM 论点和实施的相关技术，并在该论文中应用 RUCAPS 建筑模型系统分析了一个案例来表达了他的概念[2]。

　　21 世纪前的 BIM 研究由于受到计算机硬件与软件水平的限制，BIM 仅能作为学术研究的对象，很难在工程实际应用中发挥作用。

21 世纪以后，随着计算机软硬件水平的迅速发展以及对建筑生命周期的深入理解，推动了 BIM 技术的不断前进。自 2002 年，BIM 这一方法和理念被提出并推广之后，BIM 技术变革风潮便在全球范围内席卷开来。

(1) 国外 BIM 应用发展情况

美国是较早启动建筑业信息化研究的国家，BIM 研究与应用都走在世界前列。根据 McGraw Hill 的调研，2012 年工程建设行业采用 BIM 的比例从 2007 年的 28% 增长到 2012 年的 71%。其中 74% 的承包商已经在实施 BIM 了，超过了建造师（70%）及机电工程师（67%）。美国除了开展 BIM 技术的研究，在基于 BIM 的关联软件方面也开展了大量理论和应用研究工作，主要侧重能耗分析和室内热湿环境研究。1999 年 Jeong、Mumma、Stetiu 等人分别以美国不同气象分区的不同城市的建筑物为对象（主要是办公建筑），进行辐射冷顶板结合独立新风系统和常规的变风量系统（VAV 系统）的全年能耗模拟与运行费用的对比分析，其结果表明，辐射冷顶板结合独立新风系统比常规的 VAV 系统有比较明显的节能效果。Paul Rafterg 等基于循环论证法，将模拟能耗与计量能耗分项在 BIM 平台上进行比较，逐次对建筑模型进行升级与反馈，直至完成模型调整。2016 年，Saran Salakij 等通过将 BIM 结合 Energy Plus 与 MATLAB 建立的模型预测控制，优化了目标建筑的运行。2017 年，Marcel Macarulla 等在 BIM 平台上利用神经网络模型对目标商业建筑的供暖系统控制做出相应的优化改进。Federio Viani 等通过将 BIM 模型与室内传感器的计量数据结合，利用支持向量积法，对房间所需温度进行预测，以满足人体舒适性。Ali Ghahramani 等通过在 BIM 平台上建立数字化模型，利用自适应算法，对耗电量、天气、人员密度等实际数据进行运算与反馈，以实时生成优化运行方案[3]。

北欧四国挪威、丹麦、瑞典、芬兰的企业对 BIM 技术的推广应用起到了决定性作用，政府的引导推进也促进了 BIM 技术的发展。北欧的建筑信息软件厂商云集且气候湿润、环境宜人、建筑项目众多，BIM 技术模型应用于项目设计的时间较早，推动了建筑信息技术的互用性和开放标准。

英国则是从政府到民间都在积极推动 BIM 技术的发展。目前英国标准委员会还在制定能够适用于 Vectorworks'Archi CAD 的建筑行业 BIM 标准以及已有的 BIM 技术标准的更新版。以上制定的关于 BIM 的技术标准为建筑行业提供了可行性实施方案和实施程序，使英国的建筑行业从应用 Auto CAD 程序过渡为 BIM 成为可能。

在亚洲的国家中，新加坡政府对建筑信息技术的敏锐度极高，早在 1995 年就启动了建筑信息化项目 CORENET（Construction and Real Estate NET-work），其目的是将建筑工业琐碎的业务联系起来，形成新的建筑工业体系，提高建筑的质量和生产率。2011 年，新加坡建筑学院与一些政府部门合作确立了示范项目。BCA 将强制要求提交建筑 BIM 模型（2013 年起）、结构与机电 BIM 模型（2014 年起），并且最终在 2015 年前实现所有建筑面积大于 $5000m^2$ 的项目都必须提交 BIM 模型目标。BCA 于 2010 年成立了一个 600 万新币的 BIM 基金项目，鼓励新加坡的大学开设 BIM 课程、为毕业学生组织密集的 BIM 培训课程、为行业专业人士建立了 BIM 专业学位。

日本与韩国的 BIM 应用和发展情况比较相似，政府机关和相关组织机构积极引导、参与 BIM 技术的应用发展和相关标准规范的制定，吸取先进的应用经验，加快 BIM 在本国的发展速度。韩国公共采购服务中心（PPS）于 2010 年 4 月发布了 BIM 路线图，内容包括：2010 年，在 1~2 个大型工程项目应用 BIM；2011 年，在 3~4 个大型工程项目应用 BIM；2012—2015 年，超过 5 亿韩元的大型工程项目都采用 4D BIM 技术（3D＋成本管理）；2016 年前，全部公共工程应用 BIM 技术。2010 年 12 月，PPS 发布了《设施管理 BIM 应用指南》，针对初步设计、施工图设计、施工等阶段中的 BIM 应用进行指导，并于 2012 年 4 月对其进行了更新。2010 年 1 月，韩国国土交通海洋部发布了《建筑领域 BIM 应用指南》，土木领域的 BIM 应用指南也已立项[4]。

（2）国内 BIM 应用发展情况

2010 年，国务院作出了"坚持创新发展，将战略性新兴产业加快培育成为先导产业和支柱产业"的决定。现阶段，重点培育和发展的战略性新兴产业包括节能环保、新一代信息技术、生物、高端装备制造、新能源、新材料、新能源汽车等。对于其中"新一代信息技术产业"的培育发展，具体包括了促进物联网、云计算的研发和示范应用、提升软件服务、网络增值服务等信息服务能力、加快重要基础设施智能化改造、大力发展数字虚拟等技术要求和内容，详见《国务院关于加快培育和发展战略性新兴产业的决定》。

2011 年，住房和城乡建设部在《2011—2015 年建筑业信息化发展纲要》中明确提出，在"十二五"期间加快建筑信息模型（BIM）、基于网络的协同工作等新技术在工程中的应用。

2012 年 1 月，住房和城乡建设部《关于印发 2012 年工程建设标准规范制订修订计划的通知》宣告了中国 BIM 标准制定工作的正式启动，其中包含五项 BIM 相关标准：《建筑信息模型应用统一标准》《建筑工程信息模型存储标准》《建筑信息模型设计交付标准》《建筑工程设计信息模型分类和编码标准》《制造工业工程设计信息模型应用标准》。其中《建筑信息模型应用统一标准》的编制采取"千人千标准"的模式，邀请行业内相关软件厂商、设计院、施工单位、科研院所等近百家单位参与标准研究项目、课题、子课题的研究。至此，工程建设行业对 BIM 的关注热度日益高涨。

2013 年 8 月，住房和城乡建设部发布《关于征求关于推荐 BIM 技术在建筑领域应用的指导意见（征求意见稿）意见的函》，征求意见稿中明确，2016 年以前政府投资的 2 万平方米以上大型公共建筑以及省报绿色建筑项目的设计、施工采用 BIM 技术；截至 2020 年，完善 BIM 技术应用标准、实施指南，形成 BIM 技术应用标准和政策体系。

2014 年度，各地方政府关于 BIM 的讨论与关注更加活跃，上海、北京、广东、山东、陕西等各地区相继出台了各类具体的政策推动和指导 BIM 的应用与发展。

2015 年 6 月，住房和城乡建设部《关于推进建筑信息模型应用的指导意见》中，明确发展目标：到 2020 年末，建筑行业甲级勘察、设计单位以及特级、一级房屋建筑工程施工企业应掌握并实现 BIM 与企业管理系统和其他信息技术的一体化集成应用。

我国的 BIM 应用虽然刚刚起步，但在政府的大力推动下发展速度很快，许多企业有了非常强烈的 BIM 意识，出现了一批 BIM 应用的标杆项目。

建筑工业化和建筑业信息化是建筑业可持续发展的必由之路，信息化又是工业化的重要支撑。建筑业信息化乃至工程建设信息化，是在工程建设行业贯彻执行国家战略性新兴产业政策、推动新一代信息技术培育和发展的具体着力点，也将有助于行业的转型升级。工程建设信息化可有效提高建设过程的效率和建设工程的质量。尽管我国各类工程项目的规划、勘察、设计、施工、运维等阶段及其中的各专业、各环节的技术和管理工作任务都已普遍应用计算机软件，但完成不同工作任务可能需要用到不同的软件，而不同软件之间的信息存在不能有效交换，以及交换不及时、不准确的问题。BIM 技术支持不同软件之间进行数据交换，实现协同工作、信息共享，并为工程各参与方提供各种决策基础数据。BIM 技术的应用有助于实现我国工程建设信息化。BIM 技术的应用，一方面是贯彻执行国家技术经济政策，推进工程建设信息化，另一方面可以提高工程建设企业的生产效率和经济效益[5]。

（3）目前不同企业应用 BIM 的主要内容

① 设计企业。

a. 方案设计。使用 BIM 技术除能进行造型、体量和空间分析外，还可以同时进行能耗分析和建造成本分析等，使得初期方案决策更具有科学性。

b. 扩初设计。建筑、结构、机电各专业建立 BIM 模型，利用模型信息进行能耗、结构、声学、热工、日照等分析，进行各种干涉检查和规范检查，以及进行工程量统计。

c. 施工图。各种平面、立面、剖面图纸和统计报表都从 BIM 模型中得到。

d. 设计协同。设计有上十个甚至几十个专业需要协调，包括设计计划、互提资料、校对审核、版本控制等。

e. 设计工作重心前移。目前设计师 50% 以上的工作量用在施工图阶段，BIM 可以帮助设计师把主要工作放到方案和扩初阶段，使得设计师的设计工作集中在创造性劳动上。

② 施工企业。

a. 碰撞检查，减少返工。利用 BIM 的三维技术在前期进行碰撞检查，直观解决空间关系冲突，优化工程设计，减少在建筑施工阶段可能存在的错误和返工，而且优化净空，优化管线排布方案。最后施工人员可以利用碰撞优化后的方案进行施工交底、施工模拟，提高施工质量，同时也提高了与业主沟通的能力。

b. 模拟施工，有效协同。三维可视化功能再加上时间维度，可以进行进度模拟施工。随时随地直观快速地将施工计划与实际进展进行对比，同时进行有效协同，项目参建方都能对工程项目的各种问题和情况了如指掌，从而减少建筑质量问题、安全问题，减少返工和整改。利用 BIM 技术进行协同，可更加高效地进行信息交互，加快反馈和决策后传达的周转效率。利用模块化的方式，在一个项目的 BIM 信息建立后，下一个项目可类同引用，达到知识积累，同样工作只做一次。

c. 三维渲染，宣传展示。三维渲染动画，可通过虚拟现实让观看者有代入感，给人直接的视觉冲击，更好地配合投标演示和施工阶段调整实施方案。建好的 BIM 模型可以作为二次渲染开发的模型基础，大大提高了三维渲染效果的精度与效率，给业主更为直观的宣传介绍，在投标阶段可以提升中标概率。

d. 知识管理。保存信息模拟过程可以获取施工中不易被积累的知识和技能，使之变为施工单位长期积累的知识库内容。

③ 运维企业。

a. 空间管理。空间管理主要应用在照明、消防等各系统和设备空间定位。获取各系统和设备空间位置信息，把原来用编号或者文字表示的变成三维图形位置，直观形象且方便查找。

b. 设施管理。主要包括设施的装修、空间规划和维护操作。美国国家标准与技术协会（NIST）于 2004 年进行了一次研究，业主和运营商在持续设施运营和维护方面耗费的成本几乎占总成本的三分之二。而 BIM 技术能够提供关于建筑项目的协调一致的、可计算的信息，因此该信息非常值得共享和重复使用，且业主和运营商便可降低由于缺乏互操作性而导致的成本损失。此外还可对重要设备进行远程控制。

c. 隐蔽工程管理。在建筑设计阶段会有一些隐蔽的管线信息是施工单位不关注的，随着建筑物使用年限的增加，人员更换，隐蔽管线信息的不清晰会造成安全隐患。基于 BIM 技术的运维可以管理复杂的地下管网，如污水管、排水管、网线、电线以及相关管井，并且可以在图上直接获得相对位置关系。当改建或二次装修的时候可以避开现有管网位置，便于管网维修、更换设备和定位。内部相关人员可以共享这些电子信息，有变化可随时调整，保证信息的完整性和准确性。

d. 应急管理。基于 BIM 技术的管理不会有任何盲区。公共建筑、大型建筑和高层建筑等作为人流聚集区域，突发事件的响应能力非常重要。传统的突发事件处理仅仅关注响应和救援，而通过 BIM 技术的运维管理对突发事件管理包括：预防、警报和处理。通过 BIM 系统我们可以迅速定位设施设备的位置，避免了在浩如烟海的图纸中寻找信息，如果处理不及时，将酿成灾难性事故。

e. 节能减排管理。通过 BIM 结合物联网技术的应用，使得日常能源管理监控变得更加方便。通过安装具有传感功能的电表、水表、煤气表后，可以实现建筑能耗数据的实时采集、传输、初步分析、定时定点上传等基本功能，并具有较强的扩展性。系统还可以实现室内温湿度的远程监测，分析房间内的实时温湿度变化，配合节能运行管理。在管理系统中可以及时收集所有能源信息，并且通过开发的能源管理功能模块，对能源消耗情况进行自动统计分析，比如不同区域各户主的每日用电量、每周用电量等，并对异常能源使用情况进行警告或者标识。

高校的 BIM 研究应用也在快速开展。上海交通大学提出了利用 BIM 技术来弥补利用 CAD 设计 MEP 系统的不足的方法，探索出了 BIM 设计 MEP 系统的基本流程以及协同作业的方法，基于 BIM 的 MEP 设计方法研究现状进行了总结，并以 AutoCAD MEP2010 软件为平台介绍面向对象的 BIM 软件的特点及设计流程，重点讨论了碰撞检测功能，同时对该设计方法在市政管网设计中的推广做出了一些设想，对 BIM 软件的普及给出了建议。针对建筑项目全生命周期中存在大量的非结构化信息提出基于 BIM 使这些信息集成，方便信息交互、共享，并与建筑模型实体相关联，为建筑全生命周期各阶段协同作业提供基础。提出利用互联网的超级计算模式，以满足项目各参与方对信息模型的共享和应用，在建筑全生命周期中达到全程协同，企业大数据可以动态更新和共用，提高项目的效率。湖南大学在 2008 年利用 Fluent 软件建立了地板辐射供冷与置换通风空调房间的辐射模型，模拟了室内的热湿分布，得出人体在热舒适情况下的空调系统参数变化规律；运用了 Energy Plus 模拟夏季设计日运行时各工况的耗冷量，与常规空调系统进行了对比分析。清华大学在 2015 年整理了 Ecotect、De-ST 和 Energy Plus 等三种模拟软件的工作原理，并运用三种软件对同一建筑模型进行负荷模拟，总结它们的特点。最终结合实测数据比较三种模拟软件准确性并进行节能性分析。

（4）BIM 应用中存在的问题

BIM 体系的核心是信息，而载体是模型，通过 BIM 技术改变建筑行业信息呈现和交互模式，改变建筑业工作流程，改变协同作业的方式，对整个建筑业产生深远影响。BIM 体系作为信息化技术进步，将带来革命性冲击，短期造成技术普及的高投入、部分从业者失业、企业竞争、利益重组的阵痛，长期会带来行业整体进步、高效作业、解放人从事更高价值的劳动。总的来说，BIM 在实践过程中遇到的问题和困难，主要体现在六个方面：

一是在 BIM 应用软件方面。目前，市场上的 BIM 软件很多，但大多用于设计和招投标阶段，施工阶段的应用软件相对匮乏。大多数 BIM 软件以满足单项应用为主，集成性高的 BIM 应用系统较少，与项目管理系统的集成应用更是匮乏。此外，软件商之间存在的市场竞争和技术壁垒，使得软件之间的数据集成和数据交互困难，制约了 BIM 的应用与发展。

二是在 BIM 数据标准方面。随着 BIM 技术的推广应用，数据孤岛和数据交换难的现象普遍存在。作为国际标准的 IFC 数据标准在我国的应用和推广不理想，而我国对国外标准的研究也比较薄弱，结合我国建筑工程实际对标准进行拓展的工作更加缺乏。在实际应用过程中，不仅需要像 IFC 一样的技术标准，还需要更细致的专业领域应用标准。

三是在 BIM 应用模式方面。一方面，BIM 的专项应用多，集成应用少，而 BIM 的集成化、协同化应用，特别是与项目管理系统结合的应用较少；另一方面，一个完善的信息模型能够连接建设项目生命周期不同阶段的数据、过程和资源，为建设项目参与各方提供了一个集成管理与协同工作的环境，但目前由于参建各方协同意愿低，无形之中为 BIM 的深入应用和推广制造了障碍。

四是设计思维方面。与传统设计软件相比，BIM 技术所需要的硬件、软件、人力、学习、设计、培训成本变高，BIM 技术服务商的技术支持能力参差不齐，本地化程度不够，规范化有待加强。国内传统的 CAD 制图模式已经根深蒂固于建筑行业，对于 BIM 技术的推广无论是设计人员的思维定式还是技术所需的软硬件的配备皆困难重重。选择新的技术就要考虑成本与回报问题，人员的培训学习、设备的更新、软件服务的购买与安装皆为新增成本。更何况现有 BIM 技术在中国本土化程度有待提高，普及程度较低。国内现有规范特别适用于传统手绘制图及 CAD 制图方式，对于 BIM 技术的制图方式国内规范较少，还需更新补充。因此设计方面于 BIM 技术推广的阻碍很大。

五是施工模式方面。随着 BIM 技术的推广，施工方会出现利润降低的风险。新技术的高效与现有行业运作模式中甲方、乙方之间因反复修改设计方案导致工程周期延长的现实行情不兼容。

六是在 BIM 人才方面。BIM 从业人员不仅应掌握 BIM 工具和理念，还必须具有相应的工程专业或实践背景，不仅要掌握一两款 BIM 软件，更重要的是能够结合企业的实际需求制订 BIM 应用规划和方案，但这种复合型 BIM 人才在我国施工企业中相当匮乏[6]。

相较传统成熟的制图设计模式，新技术的投入使用存在未知的风险，对于相对保守的建筑行业来说，想要接受这些新鲜的技术还需要技术的完善和更多的从业者、研究人员的尝试和努力才能做到。因此在国内 BIM 技术的推广任重而道远。

1.3　BIM 相关标准

BIM 标准是建立标准的语义和信息交流的规则，为建筑全生命周期的信息资源共享和业务协作提供有力保证。但是，目前并未在建筑全生命周期范围内大规模地实施应用 BIM，以及在此基础上实施 ERP、BLM 等全面的信息化管理，其主要原因就在于建筑信息模型标准体系与标准的缺失。

与其他行业相比，建筑物的生产是基于项目与协作的，通常由多个平行的利益相关方在较长的时间段协作完成。建筑业的信息化尤其依赖在不同阶段、不同专业之间的信息传递标准，即需建立一个全行业的标准语义和信息交换标准，否则将无法整体实现 BIM 的优势和价值。此外，BIM 标准对建筑企业的信息化实施具有积极的促进作用，尤其是涉及企业中的业务管理与数据管理的软件，均依赖标准化所提供的基础数据、业务模型，从而促进建筑业管理由粗放型转向精细化管理。

目前我国颁布实施了一批国家级 BIM 标准，如 GB/T 51212—2016《建筑信息模型应用统一标准》、GB/T 51235—2017《建筑信息模型施工应用标准》和 GB/T 51269—2017《建筑信息模型分类和编码标准》。除了国家标准以外，各地还出台了相应的地方 BIM 标准。

GB/T 51212—2016《建筑工程信息模型应用统一标准》，2018 年 1 月 1 日开始实施。这部标准是为贯彻执行国家技术经济政策，推进工程建设信息化实施，统一建筑信息模型应用基本要求，提高信息应用效率和效益而制定。该标准适用于建设工程全生命期内建筑信息模型的创建、使用和管理。该标准对 BIM 的模型和相关软件进行了规定，提出模型应用应能实现建设工程各相关方的协同工作、信息共享；模型应用宜贯穿建设工程全生命期，也可根据工程实际情况在某一阶段或环节内应用；模型应用宜采用基于工程实践的建筑信息模型应用方式（P-BIM），并应符合国家相关标准和管理流程的规定；模型创建、使用和管理过程中，应采取措施保证信息安全；BIM 软件宜具有查验模型及其应用符合我国相关工程建设标准的功能；对 BIM 软件的专业技术水平、数据管理水平和数据互用能力宜进行评估。标准还对数据的交付与交换，编码与储存，企业的组织实施进行了规范。

GB/T 51235—2017《建筑信息模型施工应用标准》，2018 年 1 月 1 日开始实施。这部标准是为贯彻执行国家技术经济政策，推进工程建设信息化实施，统一建筑信息模型应用基本要求，提高信息应用效率和效益而制定。该标准与 GB/T 51212—2016《建筑信息模型应用统一标准》不同的是，GB/T 51235—2017《建筑信息模型施工应用标准》只适用于施工阶段建筑信息模型的创建、使用和管理，而 GB/T 51212—2016《建筑信息模型应用统一标准》适用于整个建设工程全生命期内，包含设计阶段、施工阶段、运维管理阶段等各个阶段建筑信息模型的创建、使用和管理。GB/T 51235—2017《建筑信息模型施工应用标准》说明了施工 BIM 应用宜覆盖包括工程项目深化设计、施工实施、竣工验收等的施工全过程，也可根据工程项目实际需要应用于某些环节或任务。施工 BIM 应用应事先制订施工 BIM 应用策划，并遵照策划进行 BIM 应用的过程管理。施工模型宜在施工图设计模型基础上创建，也可根据施工图等已有工程项目文件进行创建。工程项目相关方在施工 BIM 应用中应采取协议约定等措施确定施工模型数据共享和协同工作的方式。工程项目相关方应根据 BIM 应用目标和范围选用具有相应功能的 BIM 软件。同时，BIM 软件宜具有与物联网、移动通信、地理信息系统等技术集成或融合的能力。该标准对施工模型的创建、模型细度、模型信息共享进行了规定。其中模型细度等级（LOD）分为了四个等级，分别是适用于施工图设计阶段的施工图设计模型（LOD300）、适用于深化设计阶段的深化设计模型（LOD350）、适用于施工过程阶段的施工过程模型（LOD400）、适用于竣工验收阶段的竣工验收模型（LOD500）。这里要说明的是虽然工程阶段有先后，细度等级代号有数字上的大小和递进，但各模型细度之间没有严格一致和包含的关系，例如竣工模型也不是要包含全部施工过程的模型内容。此外，该标准还对深化设计、施工组织模拟、施工工艺模拟、预制加工、进度管理、预算与成本管理、质量与安全管理、施工监理、竣工验收进行了规范规定。

GB/T 51269—2017《建筑信息模型分类和编码标准》，2018 年 5 月 1 日开始实施。建筑信息模型应用的一个重要保证是信息的流畅传递、交互，为保证信息的有效传递，建筑工程中建设资源、建设进程与建设成果等对象的分类与编码的统一是关键，该分类和编码应该在建筑工程全生命期的信息应用中保持一致和统一。这部标准是为规范建筑信息模型中信息的分类和编码，实现建筑工程全生命期信息的交换与共享，推动建筑信息模型的应用发展而制定。该标准适用于民用建筑及通用工业厂房建筑信息模型中信息的分类和编码。该标准对建筑信息模型信息分类结构进行了规定，包括建设成果、建设进程、建设资源和建设属性。建设成果包括按功能分建筑物、按形态分建筑物；按功能分建筑空间、按形态分建筑空间、元素、工作成果六个分类表。建设进程包括工程建设项目阶段、行为、专业领域三个分类表。建设资源包括建筑产品、组织角色、工具、信息四个分类表。建设属性包括材质、属性两个分类表。在对项目阶段编码划分过程中，首要参考了现阶段范围内建筑流程阶段划分及相关标准，另外也结合了 BIM 对现阶段及未来建筑行业中建筑各流程发展趋势的影响。由于团队与企业间整合与协作的逐步深入，原来单一的单线式建筑流程将被逐步整合的建筑团队在共享的信息平台上完成。设计与施工阶段开始相互融合，原有的设计与施工中各个环节的界限在整合的背景下变得模糊。此外，借助于 BIM 配套软件的应用与相互兼容，在强大的计算辅助下，项目实施前的准备活动可以更高水平地铺开，并为以后更深层次的工作做前期分析。在项目后期的运营维护阶段，BIM 依然能继续发挥效能，指导并辅助工程师参与建筑的设备保养与维护。因此，该标准共列了三个一级类目：

① 项目前期阶段：业主、政府从概念化的、模型化的信息、政策分析、城市协调、经济等角度考量建筑项目的实施可行性；

② 项目实施阶段：BIM 的改革不仅使建筑下游的施工方工作提前，也通过 BIM 数据库建立针对不同专业的协作沟通平台，此项目实施阶段中包含了完整的建筑项目由概念直至项目实体交付的流程；

③ 项目后期管理阶段：此阶段指建筑项目在交付后的使用期间所需要的任务工作。

由于标准编码需要收集并梳理建筑全生命期中所有的相关工作与活动，因此在建筑信息模型应用的基础上首先考虑了模型化的信息对建筑业、制造业、IT 产业的整体影响，以及对建筑咨询而言的活动业务变化。另外，考量到现国内建筑过程还需要足够的时间与未来的 BIM 产业链进行对接，因此该标准编码也充分参照了国内现行的建筑流程。综合建筑行业发展背景，将建筑流程中的工作活动划分为 11 大板块：

① 投资行为，代表了项目开发团队在项目初始萌芽中对项目开展所需的融资规划与经济风险分析；

② 设计行为，对以传统设计与 BIM 设计的活动进行梳理与整合；

③ 实施行为，项目开工建造所需的活动；

④ 运营与维护行为，指建筑项目在成功交付后经营阶段的业务活动；

⑤ 咨询行为，以顾问、咨询团队的角度对建筑全流程活动的梳理；

⑥ 政府行为，意在指建筑流程中政府部门所参与的工作；

⑦ 管理行为，指建筑项目管理在建筑流程中各个阶段所完成的工作；

⑧ 沟通行为，以项目团队、企业之间项目协作、合作为基础而产生的相互交流及信息共享；

⑨ 决策行为，以各企业领导层为出发点，梳理企业管理者在项目引入、实施以及后期维护等全生命期中需要做出的各种形式的决定；

⑩ 文档管理行为，介绍如何在引入建筑信息模型的基础上对项目实施过程中的各类文档进行维护、整合与管理；

⑪ 日常行为，罗列了项目参与者在日常工作生活中可能发生的活动。此外，该标准对编码的逻辑运算符号、编码的应用做了规定，依据 ISO 12006-2 对建筑工程信息中所涉及的对象进行了全面、系统的梳理，共有 15 个表对不同对象，从不同角度进行了分类和编码。

1.4 BIM 发展趋势

电子信息科技的进步与发展给人们生活工作带来了很大便利，BIM 技术也必须结合先进的通信技术和计算机技术，不断优化更新，预计未来会有以下发展趋势。

(1) 移动终端的应用。随着互联网和移动智能终端的普及，人们现在可以在任何地点和任何时间来获取信息。而在建筑领域，设计者可以通过移动设备对现场施工进行指导、修改与完善。

(2) 数据的暴露。现在可以把监控器和传感器放置在建筑物内，针对建筑内的温度、空气质量、湿度等各项指标与实况进行监测。再汇总上供热、供水等其他信息，提供给工程师，工程师就可以根据反馈的信息全面了解建筑物的现状，从而有助于其建筑方案的设计[7]。

(3) 云端科技，即无限计算，不管是耗能，还是结构分析，云计算强大的计算能力都能够对这些信息进行快速准确的分析与处理。甚至，我们在渲染和分析过程中可以达到实时计算，为设计者各个方案的比较提供数据，从而选择出更加科学合理的设计方案[8]。

(4) 可更替式建模。可以根据不同用户的需求构建不同的建筑模型，而且用户可以根据自己的喜好及要求对建筑模型进行改进优化，这样就可以保证一次性满足客户的需求，避免了二次修改带来的不便。

（5）协作式项目交付。通过协作将设计师、工程师、承包商、业主的合作变成扁平化的管理方式，汇聚所有参建方参与其中，保证了设计师、承包商和业主之间的实时合作，协调工作进度和保证工程质量。它改变了传统的设计方式，也改变了整个项目的执行方法。

（6）对装配式建筑来说，装配式建筑的核心是"集成"，信息化是"集成"的主线。通过 BIM 技术可以有效实现装配式建筑全生命周期的管理和控制，包括设计方案优化、构配件深化设计、构件生产运输、施工现场装配模拟、建筑使用中运营维护等。BIM 的应用将提高装配式建筑设计、生产及施工的效率，促进装配式建筑进一步推广，实现建筑工业化。

思考题：

1. 如何看待中国特色社会主义下的中国建筑行业的两次变革？
2. 查阅相关资料，我国应用 BIM 技术的建设工程还有哪些？

第 2 章 建筑设备 BIM 设计基础知识

2.1 建筑设备 BIM 设计简介

2.1.1 什么是建筑设备 BIM 设计

建筑设备 BIM 设计是利用建筑信息模型,在施工前对机电安装工程进行模拟施工完后的管线排布情况,即在未施工前先根据施工图纸在计算机上进行图纸"预装配"。经过"预装配",施工单位可以直观地反映出设计图纸上的问题,尤其是发现在施工中各专业之间设备管线的位置冲突和标高重叠[10]。

根据模拟结果,结合原有设计图纸的规格和走向进行综合考虑后,再对施工图纸进行深化,而达到实际施工图纸深度。应用"建筑设备 BIM 设计"方法可极大缓解建筑设备安装工程中存在的各种专业管线安装标高重叠、位置冲突的问题,不仅可以控制各专业和分包的施工工序,减少返工,还可以控制工程的施工质量与成本[11]。图 2-1 就是典型的建筑设备机房的 BIM图,通过三维信息模型可以清楚理解管线的排布,将模型导入计算机可以实现预装配。

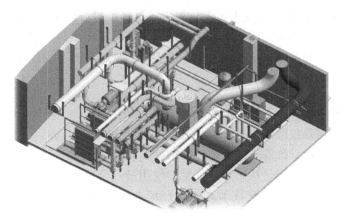

图 2-1

2.1.2 建筑设备 BIM 设计总体原则、范围

建筑设备 BIM 设计的总体原则为尽量利用梁内空间。绝大部分管道在安装时均为贴梁底走管,梁与梁之间存在很大的空间,尤其是当梁高很大时。在管道十字交叉时,这些

梁内空间可以被很好地利用起来。在满足弯曲半径条件下，空调风管和有压水管均可以通过翻转到梁内空间的方法，避免与其他管道冲突，保持路由通畅，满足层高要求。

建筑设备 BIM 设计范围包括给排水专业管线、空调通风专业管线及电气专业管线。

给排水管线主要包括生活给水管（其中又经常分高、中、低区生活给水管）、排（雨、污、生活废）水管、消防栓给水管（高、低区）、喷淋管（高、低区）以及生活热水管、蒸汽管等。

空调通风管线主要包括空调风管、平时排送风管、消防排烟管、空调冷冻水管、冷凝水管以及冷却水管等。

由于电气专业管线占用空间较少，因此在设计机电综合管线时只是将动力、照明等配电桥架和消防报警及开关联动等控制线桥架纳入设计范围[12]。

2.1.3　建筑设备 BIM 设计技术特点

建筑设备 BIM 设计技术特点有四个，即快速完善施工详图设计和节点设计，控制各专业或各分包的施工工序，预先核算、计算、合理选用综合支吊架，施工动态控制。

(1) 快速完善施工详图设计和节点设计

应用"建筑设备 BIM 设计"可以使各专业的施工单位和人员提前审图并熟悉图纸。通过这一过程，使施工人员了解设计意图，掌握管道内的传输介质及特点，弄清管道的材质、直径和截面大小，强电线缆与线槽（架、管）的规格、型号，弱电系统的敷设要求，明确各楼层净高，管线安装敷设的位置和有吊顶时能够使用的宽度及高度、管道井的平面位置及尺寸，特别要注意风管截面尺寸、位置、保温管道间距要求、无压管道坡度、强弱电桥架的间距等[13]。

(2) 控制各专业或各分包的施工工序

建筑设备 BIM 设计技术是在未施工前根据施工图纸进行图纸"预装配"，通过"预装配"的过程，把各个专业未来施工中的交汇问题全部暴露出来并提前解决，为将来工程施工组织与管理打下良好基础。施工中可以合理安排、调整各专业或各分包的施工工序，有利于穿插施工[14]。

(3) 预先核算、计算、合理选用综合支吊架

在实现机电工程总包的前提下，应用建筑设备 BIM 设计技术，才能做到合理选用综合支吊架；机电总包可以统筹安排各个专业的施工，而综合支吊架最大的优点就是不同专业的管线使用一个综合支架，从而减少支架的使用量，合理利用建筑物空间，同时降低施工成本。只有采用管线综合布置技术才能更好地进行综合支架的预先核算、计算和合理选用。

(4) 施工动态控制

由于图纸制作、处理、审核全在现场进行，使与机电工程有关的管理及施工人员（甲方、监理、总包、劳务分包等）均可通过建筑设备 BIM 设计技术，对图纸对所涉及的专业内容（各专业的综合图、机电样板报审图、土建交接图、方案附图、洽商附图、报验图及工程管理用图等）进行合理调整，及时掌握图纸的变更状况，实现施工动态控制。

2.2 建筑设备 BIM 设计管线排布避让原则

在对建筑管线进行科学的综合布置时，首先要根据各管线系统的性能和用途的不同来实施布置。目前建筑物中的管线工程大体可分为以下几类：

（1）给水管道：包括生活给水，消防给水，工业、生产用水等；

（2）排水管道：包括生产、生活污水，生产、生活废水，屋面雨水，其他杂排水等；

（3）热力管道：包括采暖、热水供应及空调空气处理中所需的蒸汽或热水；

（4）燃气管道：有气体燃料、液体燃料之分；

（5）空气管道：包括通风工程、空调系统中的各类风管，以及某些生产设备所需的压缩空气、负压吸引管等；

（6）供配电线路或电缆：包括动力配电、电气照明配电、弱电系统配电等，其中弱电系统包括共用电视天线、通信、广播及火灾报警系统等。

2.2.1 管道交叉处理的原则

（1）排水管道施工时若与其他管道交叉，采用的处理方法须征得权属单位和其他单位同意。

（2）管道交叉处理中应当尽量保证满足其最小净距，且有压管道避让无压管道、支管避让干线管、小口径管避让大口径管[15]。图 2-2 中圈中管道为消防管道属于有压管道，根据避让原则将消防管道下返处理。图 2-2 中右侧属于小口径管避让大口径管，小口径管的管道进行了上返处理。

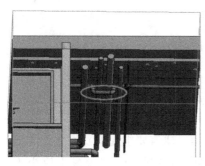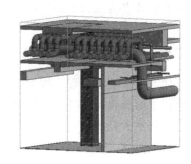

图 2-2

2.2.2 管道交叉处理方法

（1）混凝土或钢筋混凝土排水圆管在下，铸铁管、钢管在上。上面管道已建，进行下面排水圆管施工时，采用在槽底砌砖墩的处理方法。上下管道同时施工时，且当钢管或铸铁管道的内径不大于 400mm 时，宜在混凝土管道两侧砌筑砖墩支撑。

（2）混凝土或钢筋混凝土排水圆管（直径<600mm）在下，铸铁管、钢管在上，高

程有冲突，必须压低下面排水圆管断面时，将下面排水圆管改为双排铸铁管、加固管或方沟。

（3）混合结构或钢筋混凝土矩形管渠与其上方钢管或铸铁管交叉，当顶板至其下方管道底部的净空在 70mm 及以上时，可在侧墙上砌筑砖墩支撑管道。当顶板至其下方管道底部的净空小于 70mm 时，可在顶板与管道之间采用低强度等级的水泥砂浆或细石混凝土填实，其荷载不应超过顶板的允许承载力，且其支承角不应小于 90°。

（4）圆形或矩形排水管道在上，铸铁管、钢管在下，上下管道同时施工时，在铸铁管、钢管外加套管或管廊。

（5）排水管道在上，铸铁管、钢管在下，埋深较大挖到槽底有困难，进行上面排水管道施工时，上面排水管道基础在跨越下面管道的原开槽断面处加强。

（6）当排水管道与其上方电缆管块交叉时，宜在电缆管块基础以下的沟槽中回填低强度等级的混凝土、石灰土或砌砖。排水管道与电缆管块同时施工时，可在回填材料上铺一层中砂或粗砂。电缆管块已建时，回填至电缆管块基础底部的材料为低强度等级的混凝土，回填材料与电缆管块基础间不得有空隙。

（7）一条排水管道在下，另一排水管道或热力管沟在上，上下管道同时施工（或上面已建，进行下面排水管道施工）时，下面排水管道强度加大，满槽砌砖或回填混凝土、填砂。

（8）排水方沟在下，另一排水管道或热力方沟在上，高程冲突，上下管道同时施工时，可以减小下方排水方沟断面，但不应减小过水断面。

（9）预应力混凝土管与已建热力管沟高程冲突，必须从其下面穿过施工时，先用钢管或钢筋混凝土套管过热力沟，再穿钢管代替预应力混凝土管。

（10）预应力混凝土管在上，其他管道在下，上面管道已建，进行下面管道施工时，一般在下面槽底或方沟盖板上砌支撑墩[16]。

2.2.3 建筑设备安装工程管线综合排布原则

在进行建筑设备安装工程管线综合排布之前，需了解以下内容。

（1）应该了解结构专业各平面的梁位、梁高、板厚等问题。

（2）了解建筑天花的控制高度及天花的结构形式：

① 走廊的净空要求通常为≥2200mm（具体以建筑要求为准）；

② 地下室车库的净空高度要求通常为：车道≥2400mm（至少不应小于 2200mm），单层车位区≥2200mm（至少不应小于 2000mm），双层车位区≥3600mm。

（3）按照以下原则进行机电安装工程管线综合排布。

① 管线避让原则：有压让无压、小管让大管、简单让复杂、冷水让热水、附件少的让附件多的、分支让主管、非保温让保温、低压让高压、汽管让水管、金属管让非金属管、可弯管线让不可弯管线、给水让排水、检修难度小的让检修难度大的、常态让易燃易爆、电气管线避热避水（在热水管线、蒸汽管线上方及水管的垂直下方不宜布置电气线路）。

② 管线纵向排布原则：气体上液体下、保温上不保温下、高压上低压下、金属管道

上非金属管道下、不常检修上常检修下、电上水中风下。

③ 安装、维修空间长度 2500mm。

④ 预留管廊内柜机、风机盘管等设备的拆装距离。

⑤ 管廊内吊顶标高以上预留 250mm 高的装修空间。

⑥ 租赁线以外 400mm 距离内尽可能不要布置管线，用作检修空间。

⑦ 管廊内靠近中庭一侧预留卷帘门位置。

⑧ 各防火分区处，卷帘门上方预留管线通过的空间，如空间不足，选择绕行。

⑨ 调图初期由业主结合装修确认综合支架使用范围（应明确综合支架商务成本）。

⑩ 调图初期明确穿梁范围。

⑪ 为节约成本，排烟等压力有富余且不常使用的系统与三条以上的水管排烟上翻让风管。

⑫ 空调水系统尽量不走公共区域有吊顶的位置（避免检修、漏水凝露等风险对公共区域吊顶部分带来的影响，以及后期试压对公共区域装饰进度上的冲突。）

⑬ 为保证无吊顶区域的美观性，消防、喷淋、空调水系统、常规给排水等管线走在一起（是否做综合支架根据前期商议的情况）。

⑭ 为保证美观及减少系统水损，管道有翻弯时应整跨翻弯。连续翻弯时可协调业主考虑穿梁。充分利用梁窝解决管线碰撞问题。

⑮ 应结合设计图考虑阀门、支架、保温等的安装空间。

⑯ 原则上管线不超过 2 层。

⑰ 管道井处应结合建筑充分考虑安装检修空间及阀门操作空间不影响建筑功能。

对于第①条原则中的有压让无压原则是因为无压管道内介质仅受重力作用由高处往低处流，其主要特征是有坡度要求、管道杂质多、易堵塞，所以无压管道要保持直线，满足坡度要求，尽量避免过多转弯，以保证排水顺畅并满足空间高度。有压管道是在压力作用下克服沿程阻力沿一定方向流动。一般来说，改变管道走向，交叉排布，绕道走管不会对其供水效果产生影响。因此，当有压管道与无压管道相碰撞时，应首先考虑更改有压管道的路由。

对于小管让大管原则，是因为通常来说，大管道由于造价高、尺寸重量大等原因，一般不会做过多的翻转和移动。应先确定大管道的位置，后布置小管道的位置。在两者发生冲突时，应调整小管道，因为小管道造价低且所占空间小，易于更改路由和移动安装。

对于简单让复杂原则，比如水管的安装方式有焊接、丝扣连接和法兰连接，焊接的施工相对复杂，其他安装方式的水管就要避让；还有桥架的打弯相对较难，避让时尽量不要让桥架上翻或下翻。

对于冷水让热水原则，是因为热水管道需要保温，造价较高，且保温后的管径较大。另外，热水管道翻转过于频繁会导致集气。因此在两者相遇时，一般调整冷水管道。

对于附件少的让附件多的原则，在施工时安装多附件管道要注意管道之间留出足够的空间（需考虑法兰、阀门等附件所占的位置），这样有利于施工操作以及今后的检修、更换管件[17]。

此外，要特别提醒的是办公和医院等房间分割变化较大而且对弱电要求比较高的场所的弱电桥架最好放在公众的走道中，且放置于下层以方便更改。

2.2.4 建筑设备各专业细则

(1) 暖通专业

① 一般情况下，保证无压管（通常指冷凝管）的重力坡度，无压管放在最下方。

② 风管和较大的母线桥架，一般安装在最上方；风管与桥架之间的距离要≥100mm。

③ 对于管道的外壁、法兰边缘及热绝缘层外壁等管路最突出的部位，距墙壁或柱边的净距应≥100mm。

④ 通常风管顶部距离梁底 50~100mm 的间距。

⑤ 如遇到空间不足的管廊，可将断面尺寸改小，便于提高标高。

⑥ 暖通的风管较多时，一般情况下，排烟管应高于其他风管；大风管应高于小风管。两个风管如果只是在局部交叉，可以安装在同一标高，交叉的位置小风管绕大风管。

⑦ 空调水平干管应高于风机盘管。

⑧ 冷凝水应考虑坡度，吊顶的实际安装高度通常由冷凝水的最低点决定。

(2) 给排水专业

① 管线要尽量少设置弯头。

② 给水管线在上，排水管线在下。保温管道在上，不保温管道在下；小口径管路应尽量支撑在大口径管路上方或吊挂在大管路下面。

③ 冷热水管（垂直）净距 15cm，且水平高度一致，偏差不得超过 5mm，其中对卫生间淋浴及浴缸龙头严格执行该标准进行检查，其余部位的可以放宽至 1cm。

④ 除设计提升泵外，带坡度的无压水管绝对不能上翻。

⑤ 给水引入管与排水排出管的水平净距离不得小于 1m。室内给水与排水管道平行敷设时，两管之间的最小净间距不得小于 0.5m；交叉铺设时，垂直净间距不得小于 0.15m。给水管应铺设在排水管上面，若给水管必须铺设在排水管的下方时，给水管应加套管，其长度不得小于排水管径的 3 倍。

⑥ 喷淋管尽量选在下方安装，与吊顶间距保持至少 100mm（无吊顶区域尽量走上方，因为通常是上喷）。

⑦ 各专业水管尽量平行敷设，最多出现两层上下敷设。

⑧ 污排、雨排、废水排水等自然（即重力）排水管线不应上翻，其他管线避让重力管线。

⑨ 给水 PP-R 管道与其他金属管道平行敷设时，应有一定保护距离，净距离不宜小于 100mm，且 PP-R 管宜在金属管道的内侧。

⑩ 水管与桥架层叠铺设时，要放在桥架下方。

⑪ 管线不应该挡门、窗，应避免通过电动机盘、配电盘、仪表盘上方。

⑫ 管线外壁之间的最小距离不宜小于 100mm，管线阀门不宜并列安装，应错开位置，若需并列安装，净距不宜小于 200mm。

⑬ 水管与墙（或柱）的间距见表 2-1。

表 2-1

管径范围	与墙面的净距/mm	管径范围	与墙面的净距/mm
$D < DN32$	≥25	$DN75 < D < DN100$	≥50
$DN32 < D < DN50$	≥35	$DN125 < D < DN150$	≥60

（3）电气专业

① 电缆线槽、桥架宜高出地面 2.2m 以上；线槽和桥架顶部距顶棚或其他障碍物不宜小于 0.3m。

② 电缆桥架应敷设在易燃易爆气体管和热力管道的下方，当设计无要求时，与管道的最小净距应符合以下要求（表 2-2）。

表 2-2

管道类别		平行净距/m	交叉净距/m
一般工艺管道		0.4	0.3
易燃易爆气体管道		0.5	0.5
热力管道	有保温层	0.5	0.3
	无保温层	1.0	0.5

③ 在吊顶内设置时，槽盖开启面应保持 80mm 的垂直净空（即顶部最小与梁保证 80mm 间距），电气专业与其他专业之间的距离最好保持≥100mm。

④ 电缆桥架与用电设备交越时，其间的净距不小于 0.5m。

⑤ 两组电缆桥架在同一高度平行敷设时，其间净距不小于 0.6m，桥架距墙壁或柱边净距≥100mm。

⑥ 电缆桥架内侧的弯曲半径不应小于 0.3m。

⑦ 电缆桥架多层布置时，控制电缆间不小于 0.2m，电力电缆间不小于 0.3m，弱电电缆与电力电缆间距不小于 0.5m，如有屏蔽盖可减小到 0.3m，桥架上部距顶棚或其他障碍不小于 0.3m。

⑧ 电缆桥架不宜敷设在腐蚀性气体管道和热力管道的上方及腐蚀性液体管道的下方。

⑨ 通信桥架距离其他桥架水平间距至少 300mm，垂直距离至少 300mm，防止其他桥磁场干扰。

⑩ 桥架上下翻时要放缓坡（即最好不要垂直上下翻），桥架与其他管道平行间距≥100mm。

⑪ 桥架不宜穿楼梯间、空调机房、管井、风井等，遇到后尽量绕行。

⑫ 强电桥架要靠近配电间的位置安装，如果强电桥架与弱电桥架上下安装时，优先考虑强电桥架放在上方。

更多的施工规范要求可查阅以下规范：CJJ 34—2010《城镇供热管网设计规范》，GB 50289—2008《城市工程管线综合规划规范》，GB 50013—2006《室外给水设计规范》，JGJ 16—2008《民用建筑电气设计规范》，《工业与民用配电设计手册（第三版）》等。

2.3　建筑设备 BIM 设计技术要求

2.3.1　操作要点

（1）技术准备。要选定各机电安装专业技术人员 1～2 名，调配计算机、打印机等相关设备，组建技术施工小组，对人员进行职能分配。

（2）施工图纸审核。各专业技术人员对施工图认真审核，发现问题及时记录，当进行图纸会审时，积极与设计人员交流、充分沟通、完善节点设计和施工详图设计。

（3）整理施工图纸电子版。准备好电子版的施工图纸，通过对施工图纸的审核及与设计人员的沟通对电子版的施工图纸进行优化整改，并将土建的结构图纸与机电安装图纸进行合并检查，形成记录。

（4）统一标注。由于各专业的习惯不同，在表示空间位置时各有各的表达方式。一般风管标注的是风管顶面标高，空调水管为管底标高，空调风管、水管所表示的均是不含保温层的标高，消防和给排水管标高表示的是管中心标高，电缆桥架标注的是下底相对该层地面的标高。设备专业地下部分采用绝对标高，地上部分是以各层地面为参考点的相对标高，而电气专业全部以本楼层地面为参考点，标注的是相对楼层地面的桥架下底标高。为了进行管线综合，必须统一标注。首先电气和设备专业的做法统一，和设备专业一样，地下采用绝对标高，地上采用相对标高。考虑水管的外径尺寸、风管的厚度、桥架的高度、风管和空调水管保温层的厚度，将一点式标注改为两点式，即空间占位的上顶和下底标高。只有这样才便于比较，便于绘制管线综合图[18]。

各专业修改、优化本专业图纸时，应对原图中的管线示意走向及尺寸明确出来，在符合规范及原设计意图的前提下，从便于施工及实际操作等方面出发对图纸进行合理化的修改，并形成修改记录，技术负责人对各专业管线的制图颜色标准提出要求，便于区分。

（5）各机电安装专业修改图纸后，从专业技术规范、设计意图、甲方、监理的要求出发，对完成的初稿进行自审，其间要注意垂直管线位置（如管道竖井、电气竖井），到平面的标高与位置。

在绘制综合平面图前要与查看施工现场的具体状况依照"临时管线让永久性管线，小管线让大管线，有压管线让无压管线，非主要管线让主要管线，可弯曲管线让不可弯曲管线，技术要求低的管线让技术要求高的管线"的原则确定标高及平面位置。

各机电安装专业图纸和建筑结构图纸梁、板、柱尺寸核对，无论何种管线均不得撞梁、穿梁，否则，调整管线标高，使之在建筑结构允许的空间内进行。

（6）利用 BIM 软件将各专业电子图纸按照不同专业不同层的方法进行叠加，形成管线布置综合平衡平面图。

在绘制管线布置综合平衡图时，要结合各专业技术人员的意见，对其进行合理化的讨论，发现问题并加以整改。

合并各专业图纸后由项目技术负责人绘制剖面图及节点详图。

（7）图纸会审应由设计院、建设单位、监理单位、施工单位共同参加，对综合平衡图纸进行最后一次会审，对各方意见进行汇总并形成记录。根据会审记录修改图纸，重新出图。出图后需按要求提交建设单位及设计单位审核批准[19]。图 2-3 为暖通空调出图图纸样例。

2.3.2 管线综合图纸绘制过程

（1）首先必须进行大量的准备工作。将所有设备专业的每张图纸的管道逐一进行细分分析，每种管道最好采用两个图层，一个是管线图层，包括阀门及设备等，另一个是说明图层，用来标注该种管的管径、编号、文字说明等。为了便于区分，每种类型的管线图层和

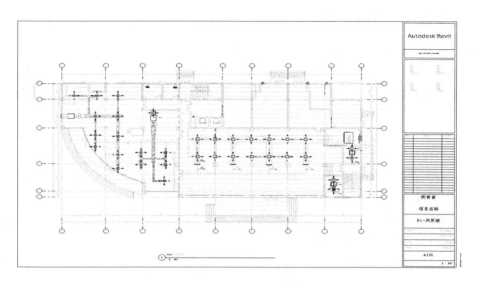

图 2-3

说明图层采用一种颜色，比如风管、给水管、喷淋管、排水管、动力桥架等采用各自不同的颜色（打图时为了突出显示管道线，可临时修改各说明图层颜色）。另外，由于喷淋管较多，为了图面的清晰一般在较小的支管处断开，标上断开符号，施工时可参照喷淋平面。

（2）将经细致处理后得到的空调风水管、电桥架、各种给排水管及喷淋主管汇总于一张图中，最好是将水、电气的管线复制到空调通风图中，因为通风空调图纸图形相对比较复杂。汇总后对重叠的各种管道进行调整、移动，同时确定十几种管道的上、下、左、右的相对位置，且必须注意某些管道的特定要求按上面的避让原则。

可将空间分为多层，对于分布较多管线的单独占一层，较少可几种管线共占一层。

（3）要根据结构的梁位、梁高和建筑层高及安装后的高度要求，在管线密集交叉较多或管线安装高度有困难的地方画安装剖面图，同时调整各管道的位置和安装高度，在必要的情况下还需要调整一些管道的截面尺寸（如风管截面）。为了尽可能减少交叉点，有时须调整管道的水平位置，管道上下排列时，要考虑哪些管道应在上，哪些在下；交叉排列时，要考虑哪些管道能上绕，哪些能下绕。

做管线综合要对整体的结构相当了解，整体管线标高随结构板变化，较大管交叉位置应设置于梁较低部分。

（4）以上所有管道尺寸的修改及位置的调整都必须与相关专业设计人员进行磋商，并征得设计人员同意后，才能进行修改。同时，被修改调整过的管道，其相应专业的施工图也应随之修改。

（5）由于管线综合图纸里包括的管线众多，为了易于施工人员看图，各管线的图例必须清楚且各不相同，可以考虑采用管线中夹字的图例，比如自动喷淋水管可用图例—ZP—表示，给水管可用—J0—、—J—、—J1—分别表示低、中、高区的生活给水管，排水管一般都可以沿用原来给排水图纸里的图例 W（污水）、Y（雨水）、F（废水）。

（6）由于管线众多，宜首先布置不能上弯的排水管以及空调风管、空调冷冻水干管、冷却水管等占空间大的管道，其他管线则通过水平调整来避让或翻弯。

2.3.3　管线综合排布效果要求

（1）在保证满足设计和使用功能的前提下，管道、管线尽量暗装于管道井、电井、管廊、吊顶内。要求明装的尽可能将管线沿墙、梁、柱走向敷设，最好是成排、分层敷设布置，从而达到管线多而不乱、排布错落有序、层次分明、走向合理、管线交叉处置得当、安装美观的要求。

（2）正确、合理设置支、吊架，尽量使用共用支、吊架，保证管道支吊架的规范间距，降低工程成本。

（3）施工管理人员对工程的整体情况做到心中有数，特别是分包单位的施工项目，严格按照统一的综合排布详图、节点图施工，工序组织合理穿插。

（4）与结构、装饰工程进行充分的协调，使预留、预埋及时、准确，避免二次剔凿，避免末端设备与装饰工程出现不协调的情况。

管线综合排布的重点是屋面、楼层走廊吊顶和地下室。设备机房（给水、消防泵房、空调机房、变配电室、换热站）、给排水管道井、管廊、吊顶内、卫生间、设备层、强电井、弱电井、空调井等部位重点进行排布规划。

建筑物上部的给水、空调、消防等管道布置在屋面上以节省室内空间，所以现在很多设计将管道、设备安排在屋面上。所以，在进行屋面管线综合布置时，除管线本身的布置以外，还必须与土建专业进行协调，以保证管线的支架高度必须满足屋面防水细部构造的泛水高度的规定，屋面设备的基础施工应随结构层施工同时进行，保证基础的牢固与泛水高度达到要求。

走廊吊顶内部是管线布置最集中的位置，对楼层走廊吊顶内管线的综合布置不但要合理确定各专业管线的标高、位置，使各专业管线具有合理的空间，同时还应对各专业的施工顺序予以确定，从而使各专业工序交叉施工具有合理的时间。

2.3.4　管线综合图纸构成及出图规范

（1）管线综合图纸

管线综合图纸一般由以下几部分构成。

① 机电预留预埋图：提供施工单位在施工过程中将机电系统所需的预埋套管、预留开口及设备混凝土基础等综合在同一张图纸中绘制而成，并协调好各种孔洞的具体位置。

② 综合天花平面图：将所有安装在天花的机电终端设备如喷淋头、送回风口、烟感、广播喇叭、设备检修孔、照明灯具等综合在天花图中，以确定其具体安装位置，并解决可能的碰撞和冲突。这部分配合二次装修完成。

③ 综合立面图：将在重要部位，如电梯大堂等位置的位于装饰面上的开关按钮等，综合在立面图中，以保证开关按钮等的布置美观、整齐有序。

④ 控制节点剖面图：在走道或在管线特别多的地方，进行所有管线的剖面图设计，明确各种管线的垂直方向的安装具体位置和施工顺序。该图是机电综合管线设计重要组成部分。

（2）出图规范

在讨论出图之前，有一个前提要讨论，就是出哪些图、出什么样的图。图纸是设计院的产品，产品根据所要达到的目的有不同的种类，如方案表现图、工作白图、综合示意图、施工图等。但作为图纸最基本也是最通用的目的是反映设计意图，但是因为展示给设计意图的对象不一样，图纸在表达习惯上和要突出表达内容上有区别。对于国内建筑设计院工作量最大的就是盖施工图出图章的"施工图"，施工单位常称之为"蓝图"。这份图纸的用途主要有三项：核算成本、提交主管部门审查和指导施工。

这里我们讨论能满足核算成本和指导施工的"施工图"。核算成本的基础是对构件或设备的精确描述以及数量的正确统计，对构件的精确数字化定义对满足这点要求来说有先天优势。指导施工的要求是图纸中构件的定位和标注要准确明了，位置无冲突、图面标记清晰、符号容易识别等。BIM 软件的三维表达功能对解决位置无冲突是利器，所剩下的问题就只有图面标记方法了。

Revit 软件是一个开放性很强的平面，除了一些系统族在不使用 API 时无法自定义外，普通用户实际上可以通过自己做"族"完成大部分标记的自定义，如机器、风管、风口、水管等的标记方式都可以通过做"标记族"来实现。用户可以制作大部分符合"国标制图规范"的标记符号，或符合企业内部图例的标记符号。

绘制图框时，在设置好了比例和长度以后，设置好标签根据之前的表格去设置相应系数。在图框绘制完成时，完成添加好的文字和标签以后，在导入共享参数时，应当选择实例，选择图纸。在标题栏载入进来以后，事先修改项目参数[20]。

2.3.5　工作方式及流程

在机电专业和其他专业进行 BIM 协同时，可采用以下工作方式。

(1) 链接方式

各项目文件之间是单独存在的，没有关联性（一个文件只能一个人编辑）。

(2) 工作集方式

项目中心文件与本地副本文件存在共享关系，利用网络连接起来与中心文件同步或利用网络直接操作中心文件（可多人同时编辑该中心文件）。

① 工作集文件的创建。

② 管线综合具体步骤：打开机电中心文件→链接建筑结构模型→调整各单专业模型→直至模型调整完毕。

BIM 机电综合设计的流程如图 2-4 所示。

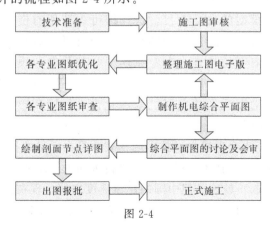

图 2-4

2.4　建筑设备 BIM 应用案例

新中国成立以来，特别是改革开放以来，我国各项事业取得了伟大成就，从建筑行业来看，近些年来我国工程建设不断取得重大突破，每隔一段时间，我们总会被"基建狂魔"刷屏，超级工程遍地开花。

在建设的一大批代表现代人类文明的伟大工程中，很多都运用了 BIM 技术。比如建设难度极大的港珠澳大桥，利用 BIM 技术进行建模，采用了大量的新材料、新工艺、新设备、新技术，突破了国外技术壁垒，填补了多个领域技术空白，获得了超过 400 项的专利。

港珠澳大桥是一座连接香港、珠海和澳门的巨大桥梁，大桥采用岛隧结合的方案，桥隧两端连接处设置两个隧道人工岛，分为东人工岛和西人工岛，人工岛不仅是隧道的入口，也是港珠澳大桥的连接点。港珠澳大桥连接香港、澳门、珠海，是目前世界上最长的跨海大桥。正式通车后，港珠澳将形成"一小时生活圈"，广阔的伶仃洋，将由天堑变为通途。

港珠澳大桥东、西人工岛位于伶仃洋上，其高温、高湿和高盐雾环境等特殊气候条件决定了工程的特殊性。作为一个集交通、管理、服务、救援和观光功能为一体的综合运营中心，在保证建筑实用性的前提下，还要力求建筑美观。而这也使得该建筑设备专业的系统类型众多、管线数量巨大。尤其是地下 1、2 层的设备房与走廊区域以及地上 1~3 层的公共走廊交汇区域，管线密集，其布置错综复杂，而且净高要求又极其严苛，导致管线的安装空间有限，如根据传统的 CAD 图纸进行施工，难以实现净空与美观的双重要求。基于此，该项目利用 Revit 软件对机电管线进行深化设计，以解决建筑设备专业管线碰撞的问题。

为了实现专业间的协同设计，需创建一个协同平台，各专业均在此公共平台上建立各自的中心文件，并同步在电脑上建立一个本地模型，通过"与中心文件同步"功能即可将最新的模型同步上传至协同平台。其次，各专业需要使用具有相同项目基点的视图样板，以方便后续的模型链接。整个项目的 BIM 模型分别由建筑、结构、电气、给排水和暖通共 5 个模型组成。在各专业的建模工作完成之后，可以通过 Revit 的"链接 Revit"功能实现对其他各专业模型的链接，在选择定位的过程中，可以选择"自动-原点到原点"选项实现模型的自动链接，这样即可保证所有链接进来的模型都具有同一个项目基点。完成对其他专业的模型链接后，即可进行碰撞检查工作，碰撞检查工作分为两种：专业模型内部的自查；本专业模型与其他专业模型之间的碰撞检查。碰撞检查会生成一个冲突报告，指明产生碰撞的图元类别及对应的 ID 号码。根据 ID 号码可查找到对应产生碰撞的图元，并根据机电深化设计原则调整对应管线，从而解决建筑设备专业管线碰撞的问题。

港珠澳大桥的建设是当今世界先进技术的代表，是在大量的科学技术突破基础上实现的，蕴含着诸多世界一流科学技术，是中国先进技术和先进制造的具体体现。

我国 BIM 技术应用起步较晚，但中国的建设速度之快，现在已经影响着世界 BIM 技术的发展，作为我国工程建设的接班人，我们要立鸿鹄志、做追梦人，为国家基础设施建设作贡献。

思考题:

1. 面对当前建筑行业的重大变革,新一代的建筑设备师应如何把握机遇,应对挑战?

2. 查阅相关资料,通过一些产生建筑安全风险的案例,正确理解应用 BIM 技术的相关规范。

| 第 3 章 | BIM 建模基础

3.1 BIM 建模软件、硬件环境配置

3.1.1 BIM 建模软件

目前国内外常用的 BIM 软件数量已有几十种之多。但对这些软件，却很难给予一个科学的、系统的、精确的分类。

(1) BIM 核心建模软件

① Autodesk 公司的 Revit 建筑、结构和机电系列。其是完整的、针对特定专业的建筑设计和文档系统，支持所有阶段的设计和施工图纸。它在国内民用建筑市场上因为此前 AutoCAD 的天然优势，已占有很大市场份额。

② Bentley 公司的建筑、结构和设备系列。Bentley 系列产品在工业设计（石油、化工、电力、医药等）和市政基础设施（道路、桥梁、水利等）领域，具有无可争辩的优势。

③ Graphisoft 公司的 ArchiCAD 软件。ArchiCAD 作为一款最早的、具有一定市场影响力的 BIM 核心建模软件，最为国内同行熟悉。但其定位过于单一（仅限于建筑学专业），与国内"多专业一体化"的体制严重不匹配。

④ Dassault 公司的 CATIA 产品以及 Gery Technology 公司的 Digital Project 产品。其中 CATIA 是全球最高端的机械设计制造软件，在航空、航天、汽车等领域占据垄断地位，且其建模能力、表现能力和信息管理能力，均比传统建筑类软件更具明显优势，但与工程建设行业尚未能顺畅对接。Digital Project 则是在 CATIA 基础上开发的一款专门面向工程建设行业的应用软件（即二次开发软件），其本质还是 CATIA，与天正的本质是 AutoCAD 一样。

因此在软件选用上建议如下：单纯民用建筑（多专业）设计，可用 Autodesk Revit；工业或市政基础设施设计，可用 Bentley；建筑师事务所，可选择 ArchiCAD、Revit 或 Bentley；所设计项目严重异形、购置预算又比较充裕的，可选用 Digital Project 或 CAT-IA。另外，需充分顾及项目业主和项目组关联成员的相关要求，这也是在确定 BIM 技术路线时需要考虑的要素。

(2) BIM 方案设计软件

BIM 方案设计软件用在设计初期，其主要功能是把业主设计任务书里面基于数字的

项目要求转化成基于几何形体的建筑方案，此方案用于业主和设计师之间的沟通和方案研究论证。BIM 方案设计软件可以帮助设计师验证设计方案和业主设计任务书中的项目要求相匹配。BIM 方案设计软件的成果可以转换到 BIM 核心建模软件里进行设计深化，并继续验证满足业主要求的情况。目前主要的 BIM 方案软件有 Onuma Planning System 和 Affinity 等。

（3）和 BIM 接口的几何造型软件

设计初期阶段的形体、体量研究或者遇到复杂建筑造型的情况，使用几何造型软件会比直接使用 BIM 核心建模软件更方便、效率更高，甚至可以实现 BIM 核心建模软件无法实现的功能。几何造型软件的成果可以作为 BIM 核心建模软件的输入。目前常用几何造型软件有 SketchUp、Rhino 和 formZ 等。

（4）BIM 可持续（绿色）分析软件

可持续或者绿色分析软件可以使用 BIM 模型的信息对项目进行日照、风环境、热工、景观可视度、噪声等方面的分析，主要软件有国外的 Ecotect、IES、Green Building Studio 以及国内的 PKPM 等。

（5）BIM 机电分析软件

水暖电等设备和电气分析软件国内产品有鸿业、博超等，国外产品有 Design Master、IES Virtual Environment、Trane TRACE 等。

（6）BIM 结构分析软件

结构分析软件是目前与 BIM 核心建模软件配合度较高的产品，基本上可实现双向信息交换，即：结构分析软件可使用 BIM 核心建模软件的信息进行结构分析，分析结果对于结构的调整，又可反馈到 BIM 核心建模软件中去，自动更新 BIM 模型。国外结构分析软件 ETABS、STAAD、Robot 等以及国内的 PKPM，均可与 BIM 核心建模软件配合使用。

（7）BIM 可视化软件

有了 BIM 模型以后，可视化软件的使用有如下好处：可视化建模的工作量减少了；模型的精度与设计（实物）的吻合度提高了；可以在项目的不同阶段以及各种变化情况下快速产生可视化效果。常用的可视化软件包括 3DS Max、Artlantis、AccuRender 和 Lightscape 等。

（8）BIM 模型检查软件

BIM 模型检查软件既可以用来检查模型本身的质量和完整性，例如空间之间有没有重叠，空间有没有被适当的构件围闭，构件之间有没有冲突等；也可以用来检查设计是不是符合业主的要求，是否符合规范的要求等。目前具有市场影响的 BIM 模型检查软件是 Solibri Model Checker。

（9）BIM 深化设计软件

Tekla Structures（Xsteel）作为目前最具影响力的基于 BIM 技术的钢结构深化设计

软件，可使用 BIM 核心建模软件提交的数据，对钢结构进行面向加工、安装的详细设计，即生成钢结构施工图（加工图、深化图、详图）、材料表、数控机床加工代码等。

(10) BIM 模型综合碰撞检查软件

模型综合碰撞检查软件基本功能是集成各种三维软件（包括 BIM 软件、三维工厂设计软件、三维机械设计软件等）创建的模型，并进行 3D 协调、4D 计划、可视化、动态模拟等，其实也属于一种项目评估、审核软件。常见模型综合碰撞检查软件有 Autodesk Navisworks、Bentley Projectwise Navigator 和 Solibri Model Checker 等。

Autodesk Navisworks 软件最为常用。该软件能够将 AutoCAD 和 Revit 系列等软件创建的设计数据与来自其他设计工具的几何图形和信息相结合，将其作为整体的三维项目，通过多种文件格式进行实时审阅，而无须考虑文件的大小。Navisworks 软件产品可以帮助所有相关方将项目作为一个整体来看待，从而优化从设计决策、建筑实施、性能预测和规划直至设施管理和运营等各个环节。由于该软件不可以建模型，不能将二维模型转化成三维模型，因此需要提前在 BIM 建模软件 Revit 中进行模型的建立，再导入 Navisworks 中进行后续的碰撞检查、渲染、漫游、工程进度分析等工作。

(11) BIM 造价管理软件

造价管理软件利用 BIM 模型提供的信息进行工程量统计和造价分析。它可根据工程施工计划动态提供造价管理需要的数据，亦即所谓 BIM 技术的 5D 应用。国外 BIM 造价管理软件有 Innovaya 和 Solibri，广联达、鲁班则是国内 BIM 造价管理软件的代表。

(12) BIM 运营管理软件

我们把 BIM 形象地比喻为建设项目的 DNA，根据美国国家 BIM 标准委员会的资料，一个建筑物生命周期 75% 的成本发生在运营阶段（使用阶段），而建设阶段（设计、施工）的成本只占项目生命周期成本的 25%。BIM 模型为建筑物的运营管理阶段服务是 BIM 应用重要的推动力和工作目标，在这方面美国运营管理软件 ARCHIBUS 是最有市场影响的软件之一。

(13) BIM 能耗模拟软件

目前常用的能耗分析软件有：DOE-2、EnergyPlus、eQuest、TRNSYS、EP-r、DeST 等。

DOE-2 是一款按小时对建筑物能耗分析的软件，可计算建筑物能量性能和设备运行的寿命周期成本。DOE-2 可以提供整幢建筑物每小时的能量消耗分析用于计算系统运行过程中的能效和总费用，也可以用来分析围护结构（包括屋顶、外墙、外窗、地面、楼板、内墙等）、空调设备和照明对能耗的影响。DOE-2 有大量的数据库和研究文献可供学习和应用。

eQuest 简化了 DOE-2 建模的过程。其特点为具有 8760 小时（全年）能耗模拟特定的工作日类型，eQuest 中定义能源价格的方式包括分时定价、按容量定价、统一定价。eQuest 还能够模拟一些特殊的空调系统，如热电联产、蓄能系统、光电转换等。

TRNSYS 计算灵活，其模块化开放式结构可使用户根据需要任意建立连接，形成不同系统的计算程序，形成终端用户程序，可为非 TRNSYS 用户提供方便，可在线输出

100 多个系统变量，也可形成 EXCEL 计算文件，与 Energy Plus、MATLAB 等其他软件建立链接。

EP-r 在欧洲应用非常广泛，是一个集成化的模拟分析工具，除了可以模拟建筑中的声、光、热以及流体流动等现象外，还可以评估建筑能耗及温室气体排放，可以综合评估建筑的供暖、通风、制冷设备的容量及效率。

DeST 由清华大学空调实验室研制开发。DeST 采用逆向的求解过程，基于全工况的设计，在每个设计阶段都能逐时计算各项要求（风量、送风状态、水量等），使设计可以从传统的单点设计拓展到全工况设计。

EnergyPlus 是由美国能源部（Department of Energy，DOE）和劳伦斯-伯克利国家实验室（Lawrence Berkeley National Laboratory，LBNL）共同开发的一款建筑能耗模拟引擎，是较为流行的一款免费软件，可以用来对建筑的供暖、制冷、照明、通风以及其他能源消耗进行全面能耗模拟分析和经济分析，属于开源软件，可与多种其他程序开发、数值计算软件相结合，进行自动优化计算与分析。输出结果可操作性强，后期的数据处理更方便数据处理软件的介入，功能强大，输入参数可操作性强。EnergyPlus 包括负荷模块（Loads）、系统模块（Systems）、设备模块（Plants）和经济模块（Economics）。负荷模块中有多种计算墙体传热和负荷的方法，如反应系数法（Responsefactor）和热传导传递函数法（Conduction Transfer Functions，CTF）用来计算墙体传热，传递函数法（Transfer Function Method，TFM）、热平衡法（Heat Balance Method）和热网络法（Thermal Network Method）用来将窗、墙得热及内部负荷转变为冷、热负荷。EnergyPlus 是一个建筑能耗逐时模拟引擎，采用集成同步的负荷、系统、设备的模拟方法。在负荷计算时，时间步长可由用户自己选择，一般为 15～20min。EnergyPlus 采用模块化的系统模拟方法，时间步长可变。空调系统由多个部件所构成，这些部件包括风机、冷热水及直接蒸发盘管、加湿器、转轮除湿、蒸发冷却、变风量末端、风机盘管等。这些部件由模拟实际建筑的水或空气环路管网连接起来，每个部件前后都需设置一个节点，以便连接。这些连接起来的部件还可以与房间进行多环路连接，因此可以模拟双空气环路的空调系统。

EnergyPlus 能耗模拟软件主要功能为：自然室温计算（全年逐分、逐时、逐天、逐月等）、室内房间负荷计算（全年逐分、逐时、逐天、逐月等）、日照采光阴影计算、室内通风分析、空调系统能耗模拟计算、制冷冰柜、蓄热蓄冷、冷热源、相变材料、调试材料模拟等。其中空调系统能耗模拟计算包括：分散式空调（直接蒸发冷却、窗机、分体机等）、半集中空调（风机盘管、多联机、辐射供冷供暖、温湿度独立控制等）、集中式空调（定风量系统、变风量系统等）、集中供暖系统（散热器等）。冷热源能耗模拟计算包括：水冷式冷水机组（离心、往复）、风冷式冷水机组（离心、往复）、蒸发冷却、冷热电三联供、锅炉、市政热力、地源热泵系统、水源热泵系统等。

（14）BIM 发布审核软件

最常用的 BIM 成果发布审核软件包括 Autodesk Design Review、Adobe PDF 和 Adobe 3D PDF，正如这类软件本身的名称所描述的那样，发布审核软件把 BIM 的成果发布成静态的、轻型的、包含大部分智能信息的、不能编辑修改但可以标注审核意见的、更多人可以访问的格式，如 DWF、PDF、3D PDF 等，供项目其他参与方进行审核或者利用。

3.1.2　BIM 硬件环境配置

硬件和软件是一个完整的计算机系统互相依存的两大部分。当我们确定了使用的 BIM 软件之后，需要考虑的就是应该如何配置硬件。BIM 基于三维的工作方式，对硬件的计算能力和图形处理能力提出了很高的要求。就最基本的项目建模来说，BIM 建模软件相比较传统二维 CAD 软件，在计算机配置方面，需要着重考虑 CPU、内存、显卡和硬盘的配置。

① CPU：即中央处理器，是计算机的核心，推荐使用二级或三级高速缓冲存储器的 CPU。采用 64 位 CPU 和 64 位操作系统对提升运行速度有一定的作用，大部分软件目前也都推出了 64 位版本。多核系统可以提高 CPU 的运行效率，在同时运行多个程序时速度更快，即使软件本身并不支持多线程工作，采用多核也能在一定程度上优化其工作表现。

② 内存：是与 CPU 沟通的桥梁，关系着一台计算机的运行速度。越大越复杂的项目越占内存，一般所需内存的大小应最少是项目内存的 20 倍。由于目前大部分用 BIM 的项目都比较大，一般推荐采用 8GB 或 8GB 以上的内存。

③ 显卡：对模型表现和模型处理来说很重要，越高端的显卡，三维效果越逼真，图面切换越流畅。应避免集成式显卡，集成式显卡要占用系统内存来运行，而独立显卡有自己的显存，显示效果和运行性能也更好些。一般显存容量不应小于 512MB。

④ 硬盘：硬盘的转速对系统也有影响，一般来说是越快越好，但其对软件工作表现的提升作用没有前三者明显。

3.2　参数化设计的概念与方法

BIM 技术在我国设计行业的实践起步较晚，欧洲许多世界知名建筑师、建筑设计公司早已经将这一技术使用到建筑设计与建筑表现。如弗兰克·盖里（F. O. Gehry）的公司，就曾用先进的模拟软件进行整体环境设计和模型制作，不断优化与改进模型后，得出一个数字模型，然后施工图数据就从中而来。1997 年弗兰克·盖里设计的位于西班牙工业城毕尔巴鄂的古根海姆博物馆，整个结构技术参数和图纸的绘制，就是在计算机的辅助下建立模型完成的，获得了很高评价。这个博物馆的外观为钛金属板，是利用 CNC 刨槽机铣出来泡沫板、EPS 板模型（是一种经加热预发泡后在模具中加热成型的白色物体），形成复合曲面的造型形态和独特效果。起初，他们在设计时，先制作出纸模型，然后使用 3D Digitizer（即三维空间数字化仪），将曲面的坐标输入计算机，用 CATIA 软件制作建筑信息模型（BIM）。

3.2.1　参数化 BIM 的应用：建筑施工中的实施步骤

(1) 完成数据采集，构建技术框架

处理和解决问题，必须先从数据、基础信息、背景资料进行分析、评价。要通过实地考察勘测、数字地图等方式，收集和采集建筑施工的具体数据、信息，以此来构建 BIM 技术框架，经过计算处理，实现数据接口和数据的交互、IFC 文件导入和导出、开发多用户访问系统等指令，然后，采用 AutoCAD、CATIA、3DS Max 等相关软件创建 BIM 模型。BIM 不

仅关乎三维数据，还意味着创建包括二维数据源文档、电子表格和其他内容在内的整体信息资源。这一阶段是基础，也是最为关键的，这为参数化 BIM 技术的实施提供了计算基础。

（2）调整系统结构，实现主要功能

任何一个技术的系统功能，必须能够实现和体现出它最有价值的实际作用。对于 BIM 管理系统来说，其主要实现的功能有：软件工程管理系统和项目综合管理系统。其中软件工程管理系统采用 C/S 构架，项目综合管理系统采用 B/S 构架，两者之间通过数据管理和模型参数实现无缝连接。通常，建筑施工 BIM 系统中以 AutoCAD 为开发平台，建立 3D 集合模型，同时完成 IFC 文件结构定义，建立项目组织浏览表。这一阶段是关键的，也是最重要的，必须体现 BIM 技术的系统功能和实际作用。

（3）进行分析对比，建立动态系统

在该系统中，系统资源动态管理可以自动计算节点或者工程量，完成人力、物力、财力、机械设备、环境变化等的实时查询和统计分析，自动实现工程量动态管理。实时监控各种参数的变化，出现异常可及时提醒与修复。另外，施工质量安全管理将施工方和监理单位的工程质检进行安全数据存储，并且将数据安全统计信息显示打印出来。施工现场管理可以实现自定义 4D 属性设置，对现设施信息进行统计，完成动态现场管理。此功能非常便捷、有效地为工程施工管理服务。

（4）注重安全冲突，建立分析系统

一般安全冲突多是软件冲突，是很难避免的，因此施工过程要进行过程模拟，测试、实现单位周期内的正序或逆序施工模拟，且具备三维漫游和真实模型现实功能，来预防和解决计算机上常见的安全风险。

① 建筑物的安全性能是人们对建筑业提出的最基本要求。基于建筑功能安全与冲突分析，实现结构变革，转化机制体系，在施工期间，如果改变结构或体系，应进行动力学分析、计算，且进行安全性能评估，这样才能保障建筑物与人的安全。

② 施工过程中出现的进度资源冲突，应按照计划进行对比，分析其中原因，针对出错点实现进度偏差报警功能，确保进度的合理开展。

③ 场地出现碰撞冲突时，可通过碰撞检验分析算法，实现构件、设施和结构等的分析、检验，要不断细化应用流程，对各种工序和参数的模拟计算实现方案的优选，实现工程数据集成和过程可视化模拟后，交付设计成果。

BIM 把所有技术细节用可视化的方式呈现，把所有建筑材料用预算技术以无法比拟的精确列表进行实时报告，这对整个行业来说都是革命性的变革，是必然的趋势。

另外，BIM 技术在建筑施工中有必要制订"八化管理"：材料加工工厂化、装修管理创新化、施工工艺精细化、质量保障数据化、现场施工流程化、精细管理可视化、安全文明常态化、维保服务温馨化。

3.2.2　参数化 BIM 的应用：建筑节能设计中的体现

（1）协同设计应用

BIM 技术能创建基于建筑实际情况的信息模型，该模型中包含关于建筑各个阶段的所有信息。以水泵为例，BIM 技术的应用，不仅可以准确读取水泵规格、用水量等基本信息，还可直接读取跨专业信息。在对水泵电量实施修改的过程中，该模型可以同步完成负荷计算。充分利用 BIM 信息模型，所有专业都可在模型中执行所需操作，大幅减少了工作流程的复杂程度，使节能设计更具联动性。此外，在实际应用时，全部设计工作都是在模型这一基础上完成的，所以如有一方修改设计方案，其他人员都能够及时发现，进而展开讨论研究，有效提升设计效率。

（2）参数化设计

在 BIM 模型上，明细表、三维与二维视图、Revit 软件参数等均能以数据信息的形式表达，如对 Revit 软件参数实施修改，则该软件附带引擎可相应地对明细表、视图以及平面等多种信息进行修改，同时还可以更新修改数据，保证模型处在稳定的状态之中。参数化设计阶段中引用 BIM 技术，可以起到良好的辅助效果。比如在针对建筑排水进行设计时，水力计算过程需要由该领域专业人员借助计算机软件进行，而如果应用 BIM 技术，则可在短时间内获取相关卫生器具等设施的所有信息，若设定了排水管道的水力特性，还可对管道直径等信息进行有针对性的修改，有效提升了设计的准确性与效率。

（3）可视化设计

以往的建筑设计是利用 CAD 数据信息平台，对于此设计平台，设计人员不仅要对平面图、剖面图以及立体图进行汇编，还要对建筑的整体图形实施复原，不断调整结构、梁高位置等基本信息。利用 CAD 数据信息平台对结构相对复杂、工期紧张的建筑而言，信息传输阶段极易出现失真，会对设计后续工作造成不利影响。现代化建筑中的给排水设计工作，大多应用 BIM 技术，借助其强大的信息模型，可以快速地获取相关信息，有效避免信息在传输过程中发生的失真现象，进而提高数据信息的实时性与完整性。此外，建筑给排水设计模型与其他项目设计模型存在一定差别，给排水模型是建立在土建模型上的，在设计过程中需对局部模型实施有针对性的修改，这会对建筑楼层设计造成一定影响，所以一般会将建筑楼层作为参考进行后续设计，虽然这样可以避免局部模型修改对楼层设计带来的影响，但会使各设计项目之间的平衡被打乱，不利于建筑整体设计。在应用 BIM 技术之后，给排水设计需进行的一系列修改均可在模型中完成，确保了建筑设计整体性，使得设计工作更加简便，提高了可操作性。

（4）模型安装设计

在 BIM 建筑设计模型中合理融入模型安装设计模块，可实现建筑工程的全过程指导。对于建筑施工而言，为确保施工质量与进度，应将时间维度引入到模型中去，同时按照施工方案编制进度表，此后可以借助模型进行超前可视化。根据建筑工程的实际情况，编制一个完善的进度计划，可以更好地掌握建筑给排水等设计工作，统筹规划建筑全局设计，从而达到简化工作流程的效果，有效减少设计变更的发生概率，提高节能设计效率。

3.3 BIM 建模流程

3.3.1 制订实施计划

（1）确定模型创建精度

BIM 模型的精细程度最早是根据美国建筑师学会（American Institute of Architects,

AIA）使用的模型详细等级（Level of Detail，LOD）来定义的，BIM 构件的详细等级共分五级，LOD100：概念性；LOD200：近似几何（方案、初设及扩初）；LOD300：精确几何（施工图及深化施工图）；LOD400：加工制造；LOD500：建成竣工。

随着我国 BIM 相关标准的实施，对 BIM 模型的精细程度也进行了规定。GB/T 51235—2017《建筑信息模型施工应用标准》对模型细度等级（LOD）分为了四个等级，分别是施工图设计模型 LOD300（适用于施工图设计阶段）、深化设计模型 LOD350（适用于深化设计阶段）、施工过程模型 LOD400（适用于施工过程阶段）、竣工验收模型 LOD500（适用于竣工验收阶段）。这里要说明的是虽然工程阶段有先后，细度等级代号有数字上的大小和递进，但各模型细度之间没有严格一致和包含的关系，例如竣工模型也不是要包含全部施工过程模型内容。

（2）制订项目实施目标

即本次项目实施 BIM 的最终目的是什么，打算用于什么方面，如指导施工，达到符合 BIM 模型等级标准的碰撞检测与管线综合，工程算量，可视化，四维施工建造模拟，五维施工建造模拟等。

（3）划定项目拆分原则

按楼层拆分；按构件拆分；按区域拆分。如整个项目可划分为三个部分：地库、裙房、塔楼（两幢）。若项目规模较为庞大，基于控制数据量的考虑，建筑、结构、机电三个专业的模型将分别创建。最终将会产生九个模型，分别是：建筑专业的地库、裙房、塔楼模型；结构专业的地库、裙房、塔楼模型；机电专业的地库、裙房、塔楼模型。

（4）配备人员分工

一般对于 BIM 团队人员的任务分配可有两种选择：一是在人员充足的情况下根据项目分配工作；二是在人员不足的情况下根据现有人员配备分配工作。分配工作时应尽可能考虑完善的专业、工种和岗位配备。专业包括：土建、机电、算量（造价）、可视化、内装、管理、园林、景观、市政（道路、桥梁）、规划、钢构等，工种和岗位配备要根据专业不同考虑可能存在的深化设计人员。

（5）选定协作方式

根据不同项目规模和复杂难易程度来决定各个相同专业和不同专业模型之间的协作方式。

小型项目：一个建筑模型＋一个机电模型；

中等项目：一个建筑模型＋一个结构模型＋一个机电模型；

大型项目：多个建筑模型＋多个结构模型＋多个机电模型（或机电三专业拆分模型）；

超大型项目：多个建筑模型＋多个结构模型＋多个暖通模型＋多个给排水模型＋多个电气模型。

（6）定制项目样板

分别创建各专业的项目样板。其中，机电样板尤为复杂，需要机电三专业，即水、暖、电的工程师须事先分别统计出各自专业在本项目中的管线系统种类与数量以及这些系统管线分布在哪几种类型的图纸中，按照这些统计好的信息先创建机电各专业对应的视图种类和架构；然后创建机电各专业的管线系统，其中暖通与给排水专业可以在风管系统和管道系统中分别进行创建，而电气专业则需要对桥架及相关构件分别命名创建；接着设置机电各专业的视图属性与视图样板；最后在过滤器中设置机电各专业的管线系统可见性与着色，完成整个机电样板文件的全部相关准备工作。

(7) 创建工作集

首先创建建筑的项目样板文件，在该文件中将根据设计院提交的施工图创建相应的轴网与标高，然后基于此创建工作集并添加建筑专业模型到工作集中，并生成中心文件。接着再创建结构的项目样板文件，在该文件中将首先链接带有轴网、标高的项目样板文件（中心文件），然后通过"复制/监视"功能创建属于结构专业模型的轴网和标高并开设相关工作集，生成结构的中心文件。最后再创建机电专业项目样板文件，在该文件中将链接之前创建的带有轴网、标高的建筑中心文件，然后也通过"复制/监视"功能创建属于机电专业模型的轴网和标高并开设相关工作集，生成机电的中心文件。根据项目规模大小，工作集的数量和创建的人数也应相应调整。

3.3.2 具体实施过程

(1) 模型创建规则

创建范围：分别确定建筑、结构和机电三个专业各自的模型具体创建范围，其中建筑与结构两个专业的模型将采取不重复的原则来分别创建。即结构模型中创建了结构柱、剪力墙、结构楼板，那么建筑模型在创建时将不再重复创建这些模型。

扣减原则：结构构件之间须避免交错重叠，以确保算量准确。譬如，墙体不穿过柱子和梁，楼板不穿过柱子、墙和梁等。

专业交叠：结构构件与机电构件之间可能会存在一定的重叠创建，譬如卫生洁具、机电管线穿越墙体开洞等。因此需要在实施过程中明确重叠的构件由哪个专业来负责创建，避免重复工作和换乱。一般以合理为原则来进行创建，譬如卫生洁具应由机电专业来创建；而墙体开洞则应该由结构专业来操作，机电专业只负责向建筑专业提供开洞的数据信息。其他各专业如有交叠构件也以此类推来进行分工创建。

(2) 实施细节

作为底图参照的 DWG 文件应事先处理好，并单层保存链接至 Revit 中，不宜不作处理，全部链接进来；DWG 文件链接进入 Revit 时，应勾选"仅当前视图"选项，以严格控制 DWG 文件在模型中的显示。建筑与结构专业应事先统计各自专业的构件，并进行分类和类型预创建。譬如，建筑专业应事先统计出门有几种类型，然后在门的类别下预先将这几种门的类型预制好，再同步至中心文件里。这样协同作业的其他人就不会重复去创建这些门的类型，可以直接使用预制好的门类型。其他诸如墙、柱、梁、窗等相关构件也应按此原则预先进行统计和预制类型。设置视图范围，尤其是机电专业模型若最终要用于工程算量，则在创建时应根据算量软件，譬如广联达的建模标准来创建。结构专业建模中，考虑到某些构件数量及种类繁多，譬如墙体，可以在平面视图中以填色的方式来区分不同类型或者材质的墙体。在三维视图中不要填色，仍按灰度模式来显示墙体，以免在管线综合时影响机电管线的显示和观察。对于墙体之类的构件，可以创建一个色标来统计和展示其所对应的墙体类型；机电专业各系统管线必须事先做好色标，通过不同色彩来表达不同系统的管线。平面视图中应以带色彩的线条来表达各系统管线，三维视图中应以实体填色的方式来表达各系统的管线，以便将来在管线综合中可以比较清晰地观察和展现。

3.4　BIM 建模软件 Revit

目前常用的 BIM 建模软件为 Autodesk 公司研发的 Revit 软件。Autodesk Revit 提供支持建筑设计、暖通、电气、给排水和结构工程的工具。Revit 软件可帮助建筑设计师设计、建造和维护质量更好、能效更高的建筑，以下是 Revit 软件的主要功能。

（1）参数化构件

参数化建模是指项目中所有图元之间的关系，这些关系可实现 Revit 提供的协调和变更管理功能。这些关系可以由软件自动创建，也可以由设计者在项目开发期间创建。在数学和机械 CAD 中，定义这些关系的数字或特性称为参数，因此该软件的运行是参数化的。该功能为 Revit 提供了基本的协调能力和生产率优势：无论何时在项目中的任何位置进行任何修改，Revit 都能在整个项目内协调该修改。

（2）工作共享

工作共享是一种设计方法，此方法允许多名团队成员同时处理同一个项目模型。在许多项目中，会为团队成员分配一个让其负责的特定功能领域。可以将 Revit 项目细分为工作集以适应这样的环境。可以启用工作共享创建一个中心模型，以便团队成员可以对中心模型的本地副本同时进行设计更改。

（3）明细表

Revit 可以创建明细表，包括数量和材质提取，以确定并分析在项目中使用的构件和材质。明细表是模型的另一种视图。

（4）互操作性和 IFC

IFC（Industry Foundation Classes）是对建筑环境的标准化数字描述，包括建筑物及民用基础设施；它是基于对象的文件格式，其作用是促使建筑工程行业的互操作性。RIFIT 提供完全认证的 IFC 数据交换标准。当 Revit 构建信息模型导出到 IFC 格式时，其他构建专家（如结构和构建服务工程师）可以直接使用该信息，增强了互操作性。

（5）附加模块

附加模块是为 Revit 软件提供附加功能的软件程序。部分附加模块面向 Autodesk 固定期限的使用许可客户提供。其他附加模块则可免费使用，也可从第三方供应商处购买。

创建 Revit 展开时，可以包含附加模块作为展开的一部分，使它们与 Revit 软件一起安装在目标计算机上。

3.5 Revit 基本术语

3.5.1 样板

当我们打开 Revit 准备建模的时候，首先面临的就是项目样板的选择。点击项目下的新建按钮，就会弹出项目样板的选择框。

Revit 共包含了构造样板、建筑样板、结构样板、机械样板以及"无"这五种样板。项目样板使用文件扩展名为".rte"，如图 3-1 所示。

图 3-1

项目样板包括视图样板、已载入的族、已定义的设置（如单位、填充样式、线样式、线宽、视图比例等）和几何图形。如果把一个 Revit 项目比作一张图纸，那么样板文件就是制图规范——样板文件中规定了这个 Revit 项目中各个图元的表现形式。

3.5.2 项目

在 Revit 中，项目是单个建筑信息模型的设计信息数据库，包含了建筑的所有设计信息，从几何图形到构造数据。这些信息包括用于设计模型的构件、项目视图和设计图纸。通过使用单个项目文件，Revit 可以轻松地修改设计，还可以使修改反映在所有关联区域（平面视图、立面视图、剖面视图、明细表等）中。

Revit 可以创建建筑项目、结构项目、MEP 项目（暖通、电气、给排水）。同时 Revit 软件还提供了建筑样例项目、结构样例项目供使用者参照，如图 3-2 所示。

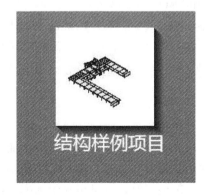

图 3-2

3.5.3　组

当需要创建重复布局或需要许多建筑项目实体时，对图元进行分组非常有用。项目或族中的图元成组后，可放置在不同项目或族中。

保存 Revit 的组为单独的文件，只能保存为".rvt"格式，需要用到组时可使用"插入"选项卡下的"作为组载入"命令，如图 3-3 所示。

图 3-3

3.5.4　族

族是一个包含通用属性集和相关图形表示的图元组。所有添加到 Revit 项目中的图元（构成建筑模型的结构构件，墙、屋顶、窗、详图索引、标记等）都是使用族创建的。

3.5.4.1　族与组的区别

① 族是自己编辑的构件，Revit 模型是由族构成的，其中的墙、柱、管线，包括标注等都是族。

② 组相当于 CAD 里面阵列的结果，只不过在 Revit 中组可以有自己的可调整的数据信息，多个组也可以成组，起到便于调整的作用。

3.5.4.2　Revit 包含的族

（1）可载入族

使用族样板在项目外创建".rfa"文件，可以载入到项目中，具有高度可自定义的特性。可载入族是用户最经常创建和修改的族，如图 3-4 所示。

（2）系统族

系统族是在 Revit 中预定义的族，包含基本建筑构件，如墙、窗和门。例如基本墙系统族包含定义内墙、外墙、基础墙、常规墙和隔断墙样式的墙类型。可以复制和修改现有系统族，但不能创建新系统族。

（3）内建族

内建族可以是特定项目中的模型构件，也可以是注释构件。只能在当前项目中创建

图 3-4

内建族，因此它们仅可用于该项目特定的对象，例如自定义墙的处理。创建内建族时，可以选择类别，且用户使用的类别将决定构件在项目中的外观和显示控制，如图 3-5 所示。

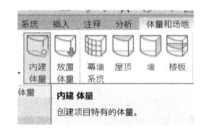

图 3-5

3.5.5　图元

在创建项目时，可以向设计中添加参数化建筑图元。Revit 按照类别、族和类型对图元进行分类，如图 3-6 所示。

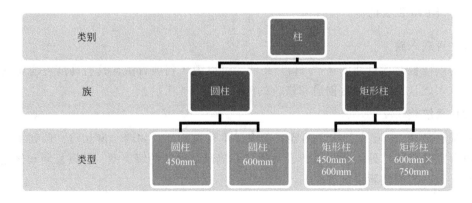

图 3-6

(1) 主体图元

包括墙、楼板、屋顶和天花板、楼梯、场地、坡道等。主体图元在参数定制方面用户自定制程度较低。

(2) 构件图元

包括门、窗和家具、植物等。构件图元与主体图元之间是相互依附的关系。例如门、窗安装在墙体上，删除墙，那么其门、窗也会被删除。构件图元会有对应的族样板，用户可以按照需求选择对应的族样板来定制构件。

(3) 注释图元

包括尺寸标注、文字注释、标记和符号等。注释图元的样式可以由用户定制，以满足不同的需求。如要编辑注释符号族，只需展开项目浏览器中注释符号子目录即可。

注释图元与其标记对象之间实时关联，例如材质标记会在墙层材质发生变化后自动更新。

(4) 基准图元

包括标高、轴网、参照平面。基准图元为用户创建三维模型提供了定位辅助的参照。标高不仅可以用来定义楼层高度，还可以用来调整楼板的具体位置。

(5) 视图类专有图元

只显示在放置这些图元的视图中。它们可帮助对模型进行描述或归档，包括注释图元和详图图元。例如尺寸标注属于注释图元。

以上主体图元、独立图元、注释图元、基准图元、详图图元的对应关系如图 3-7 所示。

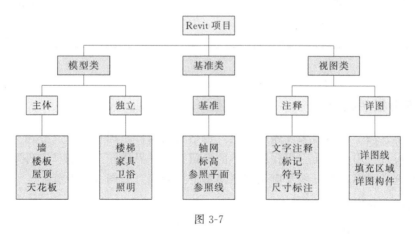

图 3-7

(6) 类别和类型

类别是一组用于对建筑设计进行建模或记录的图元。例如，模型图元的类别包括家具、门窗、卫浴设备等。注释图元的类别包括标记和文字注释等。

类型用于表示同一族的不同参数（属性）值。如某个窗族"双扇平开-带贴面.raf"包含"900mm×1200mm""1200mm×1200mm""1800mm×900mm"三个不同类型。

3.6　Revit 界面介绍

在开始学习具体的命令之前，先熟悉软件界面以及基本的操作流程。

Revit 的界面和欧特克公司其他产品的界面非常相似，例如，Autodesk AutoCAD、Autodesk Inventor 和 Autodesk 3DS Max，这些软件的界面都有个明显的特点，它们都是基于"功能区"的概念。这个功能区也可以看成"固定式工具栏"，位于屏幕的上方，其中排列了多个选项卡，相关的命令按钮和工具条存放于特定的选项卡中。在软件操作过程中，功能区选项卡所显示的内容，会随着选择内容的不同而随时变化，如图 3-8 所示。

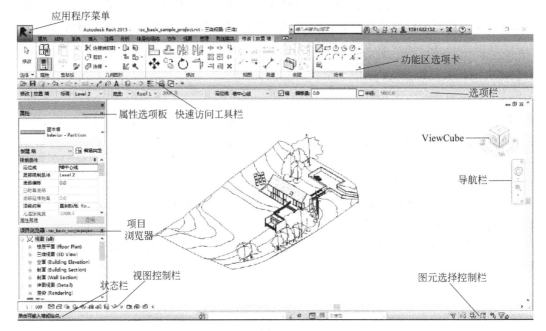

图 3-8

3.6.1　应用程序菜单

程序菜单提供了基本的文件操作命令，包括新建文件、保存文件、导出文件、发布文件以及全局设置。用于启动应用程序菜单的按钮在软件界面左上角的"文件"菜单中，单击"文件"这个图标，即可展开应用程序菜单下拉列表，如图 3-9 所示。

(1) 新建项目文件

单击"文件"按钮，打开应用程序菜单，将光标移至"新建"按钮上，在展开的"新建"侧拉列表中，单击"项目"按钮，在弹出的"新建项目"对话框中，选择"机械样板"，单击"确定"按钮，如图 3-10 所示。

(2) 打开族文件

单击"文件"按钮，打开应用程序菜单，将光标移动到"打开"按钮上，在展开的"打开"侧拉列表中，单击"族"按钮，在弹出的"打开"对话框中，选择需要打开的族

图 3-9

图 3-10

文件，单击"打开"按钮，如图 3-11 所示。

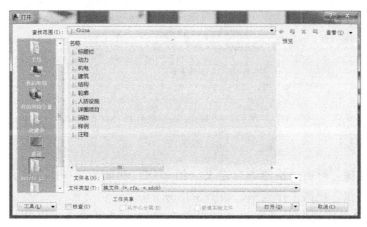

图 3-11

(3)"选项"设置

单击"文件"按钮,在展开的下拉列表中单击右下角"选项"按钮,弹出"选项"对话框,该对话框包括常规、用户界面、图形、文件位置、渲染、检查拼写、Steering-Wheels、ViewCube、宏九个选项卡。

①"常规"选项卡:主要用于对系统通知、用户名、日志文件清理、工作共享更新频率、视图选项参数设置。

保存提醒间隔:软件提醒保存最近对打开文件的更改频率。

与中心文件同步提醒间隔:软件提醒与中心文件同步(在工作共享时)的频率。

用户名:与软件的特定任务关联的标识符,用户名的设置是团队在进行协同工作时必不可少的步骤。

日志文件清理:系统日志清理间隔设置。

工作共享更新频率:软件更新工作共享显示模式频率设置。

视图选项:对视图默认的规程进行设置。

②"用户界面"选项卡:主要用于修改用户界面的行为。可以通过选择或清除建筑、结构、系统、体量和场地的复选框,控制用户界面中可用的工具和功能。也可以设置"最近使用的文件"界面是否显示,以及设置快捷键等,如图 3-12 所示。

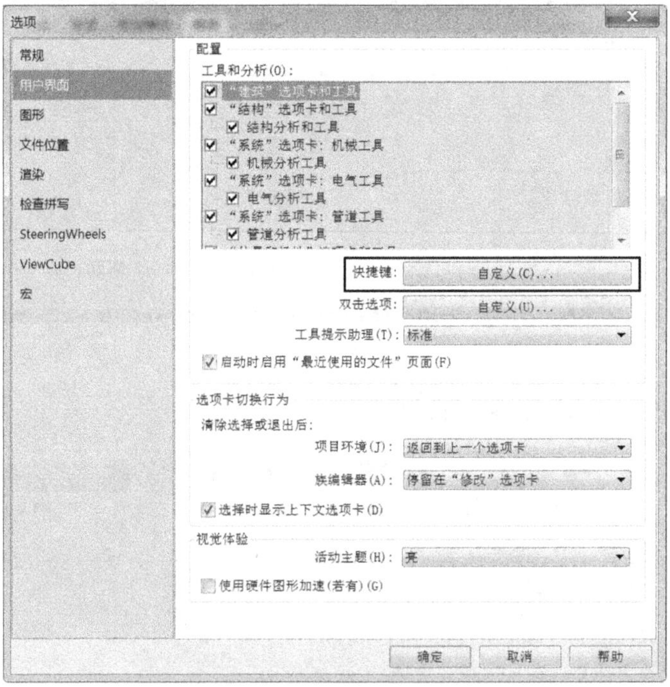

图 3-12

自定义快捷键:可通过快捷键自定义(图 3-12)功能为 Revit 工具添加自定义快捷键,形成操作习惯,提高工作效率,如图 3-13 所示。

通过单击"快捷键"对话框中的"导出"按钮,可以将自定义的快捷键另存为文件"KeyboardShortcuts. xml"。当更换电脑或新安装软件需重设快捷键时,可单击

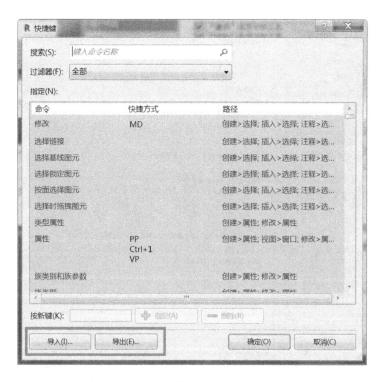

图 3-13

"导入"按钮把快捷键文件导入软件（提示：导入快捷键会弹出"提醒"对话框，选择覆盖即可）。

③"图形"选项卡：用于控制图形和文字在绘图区域中的显示。

反转背景色：勾选"反转背景色"复选框，界面将显示黑色背景。取消勾选"反转背景色"复选框，Revit 界面将显示白色背景。单击"选择""预先选择""警告"后的颜色值即可为选择、预先选择、警告指定新的颜色。

调整临时尺寸标注文字外观：在选择某一构件时，Revit 会自动捕捉其余周边相关图元或参照，并显示为临时尺寸，该项用于设置临时尺寸的字体大小和背景是否透明。

④"文件位置"选项卡：主要用于添加项目样板文件，改变用户文件默认位置，可以通过"↑E""↓E""➕""➖"按钮对样板文件进行上下移动或添加删除。也可通过单击"族样板文件默认路径"后的"浏览"按钮，在打开的"浏览文件夹"对话框中选择文件位置，单击"打开"按钮，改变用户文件默认路径。

⑤"SteeringWheels"选项卡：主要用于对 SteeringWheels 视图导航工具进行设置，如图 3-14 所示。

文字可见性：对控制盘工具消息、工具提示、工具光标文字可见性进行设置。

控制盘外观：设置大、小控制盘的尺寸和不透明度。

环视工具行为：勾选"反转垂直轴"复选框，向上拖拽光标，目标视点升高；向下拖拽光标，目标视点降低。

漫游工具：勾选"将平行移动到地平面"复选框可将移动角度约束到地平面，视图与

图 3-14

地平面平行移动时，可随意四处查看。取消选择该选项，漫游角度不受约束。

速度系数：用于控制移动速度。

缩放工具：勾选"单击一次鼠标放大一个增量"复选框，允许用户通过单次单击缩放视图。

动态观察工具：勾选"保持场景正立"复选框，视图的边将垂直于地平面。

3.6.2　快速访问工具栏

快速访问工具栏包含一组常用的工具，用户可根据实际命令使用频率，对该工具栏进定义编辑，如图 3-15 所示。

图 3-15

3.6.3　功能区选项卡

功能区选项卡在组织中是最高级的形式，其中包含了已经成组的多种多样的功能。在功能区默认有 11 个选项卡。其中，系统选项卡包含机械、电气和管道，用户可在"选项"对话框中勾选要使用的工具和分析子项来控制相关选项卡的可见性，如图 3-16 所示。

图 3-16

（1）建筑选项卡

包含了创建建筑模型所需的大部分工具，由"构建"面板、"楼梯坡道"面板、"模型"面板、"房间和面积"面板、"洞口"面板、"基准"面板和"工作平面"面板组成，如图 3-17 所示。

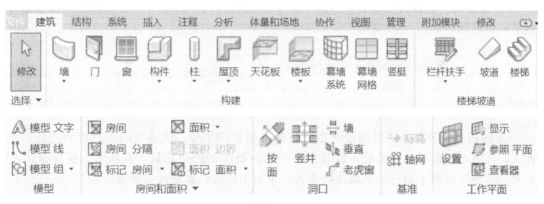

图 3-17

当激活"建筑"选项卡的时候，其他选项卡不被激活，看不到其他选项卡中包含的面板，只有当单击其他选项卡的时候其他选项卡才会被激活。

① 在"工作平面"面板中，使用" "工具可以在平面视图中绘制参照平面，为设计提供基准辅助。参照平面是基于工作平面的图元，存在于平面空间，在二维视图中可见，在三维视图中不可见。为了使用方便可命名参照平面，选择要设置名称的参照平面，在属性选项板"名称"里输入名字。

② Revit 里的每个面板都可以变为自由面板。例如，将光标放置在"楼梯坡道"面板的标题位置按住鼠标左键向绘图区域拖动，"楼梯坡道"面板将脱离功能区域。在屏幕适当位置松开鼠标，该面板将成为自由面板。此时，切换至其他选项卡，"楼梯坡道"面板仍然会显示在放置位置。将光标移动到"楼梯坡道"面板上时，自由面板会显示两侧边框，如图 3-18 所示。单击右上角的" "按钮可以使浮动面板返回到功能区，也可以拖

拽左侧"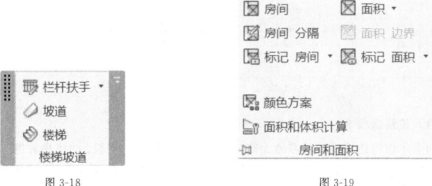"按钮或标题位置到所需位置释放鼠标。

③ 面板标题旁的箭头表示该面板可以展开。例如,单击"房间和面积"面板标题旁的"▼"按钮,展开扩展面板,其隐含的工具会显示出来,如图 3-19 所示。单击扩展面板左下方"📌"按钮,扩展面板被锁定,始终保持展开状态。再次单击该按钮取消锁定,此时单击面板以外的区域时,展开的面板会自动关闭。

图 3-18

图 3-19

④ 在选项卡名称所在行的空白区域,单击鼠标右键,勾选"显示面板标题"复选框显示面板标题,如图 3-20 所示。

图 3-20

⑤ 按键提示提供了一种通过键盘来访问应用程序菜单、快速访问工具栏和功能区的方式,按 Alt 键显示按键提示,如图 3-21 所示。继续访问"建筑"选项卡,按键盘"A"显示"建筑"选项卡所有命令的快捷方式,单击 Esc 键,隐藏按键提示。

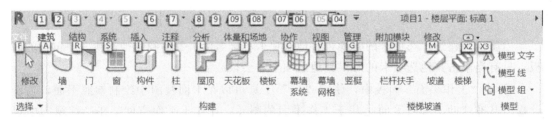

图 3-21

功能区有 3 种显示模式,即最小化为面板按钮、最小化为面板标题、最小化为选项卡。单击功能区最右侧"⏶▼"按钮,可在以上各种状态中进行切换。

(2) 其他选项卡

① "结构"选项卡:包含了创建结构模型所需的大部分工具。

② "系统"选项卡:包含了创建机电、管道、给水排水所需的大部分工具。

③ "插入"选项卡:通常用来链接外部的文件,例如链接二维、三维的图像或者其他

的 Revit 项目文件。从族文件中载入内容，可以使用"载入族"命令。"载入族"是通用的命令，在大多数编辑命令的上下文选项卡中都可以找到，如图 3-22 所示。

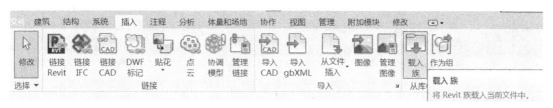

图 3-22

④"注释"选项卡：包含了很多必要的工具，这些工具可以实现注释、标记、尺寸标注或者其他的用于记录项目信息图形化的工具，如图 3-23 所示。

图 3-23

⑤"分析"选项卡：用于编辑能量分析的设置以及运行能量模拟，如 Green Building Studio，要求有 Autodesk 速博账户来访问在线的分析引擎。

⑥"体量和场地"选项卡：用于建模和修改概念体量族和场地图元的工具，如添加地形表面、建筑红线等图元。

⑦"协作"选项卡：用于团队中管理项目或者与其他的团队合作使用链接文件。

⑧"视图"选项卡：视图选项卡中的工具用于创建本项目中所需要的视图、图纸和明细表等，如图 3-24 所示。

图 3-24

⑨"管理"选项卡：用于访问项目标准以及其他的一些设置，其中包含了设计选项和阶段化的工具，还有一些查询、警告、按 ID 进行选择等工具，可以帮助用户更好地运行项目。其中最重要的设置之一是"对象样式"，可以管理全局的可见性、投影、剪切，以及显示的颜色和线宽。

⑩"修改"选项卡：用于编辑现有的图元、数据和系统的工具，包含了操作图元时需

要使用的工具。例如，剪切、拆分、移动、复制和旋转等工具，如图 3-25 所示。

图 3-25

3.6.4 上下文选项卡

除了在功能区默认的 11 个选项卡以外，还有一个选项卡是上下文选项卡。上下文选项卡是在选择特定图元或者创建图元命令执行时才会出现的选项卡，包含绘制或者修改图元的各种命令。退出该工具或清除选择时，该选项卡将关闭。打开样例文件的"上下文选项卡"，切换到南立面视图。例如当项目需要添加或者修改墙时，系统切换到"修改｜放置 墙"上下文选项卡，在"修改｜放置 墙"上下文选项卡，放置的是关于修改墙体的基本命令，如图 3-26 所示。

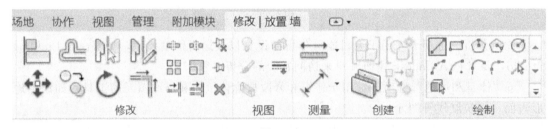

图 3-26

3.6.5 选项栏、状态栏

(1) 选项栏

选项栏位于功能区下方，其内容因当前工具或所选图元而异。在选项栏里设置参数时，下一次会直接采用默认参数。

单击"建筑"选项卡，"构建"面板，"墙"按钮，如图 3-27 所示。在选项栏中可设置墙体竖向定位面、墙体到达高度、水平定位线、勾选链复选框、设置偏移量以及半径等，其中"链"是指可以连续绘制，偏移量和半径不可以同时设置数值。在展开"定位线"下拉列表中，可选择墙体的定位线。

图 3-27

(2) 状态栏

状态栏在应用程序窗口底部显示。使用某一工具时，状态栏左侧会提供一些技巧或提示，告诉用户做些什么。高亮显示图元或构件时，状态栏会显示族和类型的名称。状态栏默认显示的是"单击可进行选择；按 Tab 键并单击可选择其他项目；按 Ctrl 键并单击可将新项目添加到选择集；按 Shift 键并单击可取消选择"。

3.6.6　属性选项板与项目浏览器

"属性"选项板与项目浏览器是 Revit 中常用的面板，在进行图元操作时必不可少。

（1）属性选项板

"属性"选项板主要用于查看和修改用来定义 Revit 中图元属性的参数。"属性"选项板由类型选择器、属性过滤器、"编辑类型"按钮和实例属性 4 部分组成，如图 3-28 所示。

类型选择器：标识当前选择的族类型，并提供一个可从中选择其他类型的下拉列表。在类型选择器上单击鼠标右键，然后单击"添加到快速访问工具栏"选项，将类型选择器添加到快速访问工具栏上。也可以单击"添加到功能区修改选项卡"选项，将类型选择器添加到"修改"选项卡，如图 3-29 所示。

属性过滤器：在类型选择器的下方，用来标识将要放置的图元类别，或者标识绘图区域中所选图元的类别和数量。

"编辑类型"按钮：同一组类型属性由一个族中的所有图元共用，而且特定族类型的所有实例的每个属性都具有相同的值。在选中单个图元或者一类图元时，单击"编辑类型"按钮，打开"类型属性"对话框即可查看和修改选定图元或视图的类型属性。修改类型属性的值会影响该族类型，包括当前和将来的所有实例。

实例属性：标识项目当前视图属性或所选图元的实例参数，修改实例属性的值只影响选择集内的图元或者将要放置的图元。

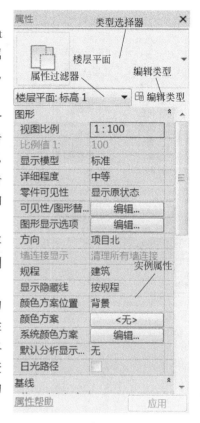

图 3-28

图 3-29

（2）项目浏览器

项目浏览器用于组织和管理当前项目中包括的所有信息，包括项目中所有视图、明细表、图纸、族、组、链接的 Revit 模型等项目资源，如图 3-30 所示。

项目浏览器呈树状结构，各层级可展开和折叠。使用项目浏览器，双击对应的视图名

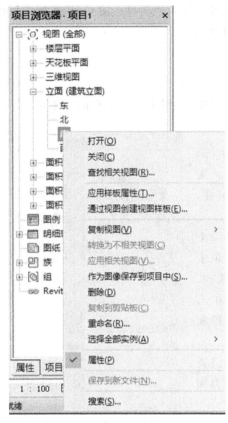

图 3-30

称，可以在各视图中进行切换。在项目浏览器中，单击"立面"前的"⊞"按钮，展开立面视图列表，然后双击"南"，切换到南立面视图。在打开多个窗口后，可单击视图右上角的"✕"按钮，关闭当前打开的视图窗口，Revit 将显示上次打开的视图。连续单击视图窗口控制栏中的"✕"按钮，直到最后一个视图窗口关闭时，Revit 将关闭项目。

3.6.7　ViewCube 与导航栏

（1）ViewCube

ViewCube 默认显示在三维视图窗口的右上角。ViewCube 立方体的各顶点、边、面和指南针的指示方向代表三维视图中不同的视点方向，单击立方体或指南针的各部位可以切换视图的各方向。按住 ViewCube 或指南针上任意位置并拖动鼠标，可以旋转视图，如图 3-31 所示。在"视图"选项卡，"窗口"面板，"用户界面"下拉列表中，可以设置 ViewCube 在三维视图中是否显示，如图 3-32 所示。

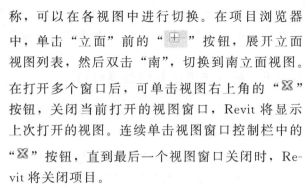

| 图 3-31 | 图 3-32 | 图 3-33 | 图 3-34 |

（2）导航栏

导航栏用于访问导航工具，包括 ViewCube 和 SteeringWheels，导航栏在绘图区域沿窗口的一侧显示。在"视图"选项卡，"窗口"面板，"用户界面"下拉列表中，可以设置导航栏在三维视图中是否显示。标准导航栏如图 3-33 所示。

单击导航栏上的"〇"按钮可以启动 SteeringWheels，SteeringWheels 是控制盘的集合，通过这些控制盘，可以在专门的导航工具之间快速切换，如图 3-34 所示。

3.6.8　视图控制栏

视图控制栏位于 Revit 窗口底部、状态栏上方，可以快速访问影响绘图区域的功能，如图 3-35 所示。

图 3-35

视图控制栏上的命令从左至右分别是：比例 1：100，详细程度，视觉样式，打开/关闭日光路径，打开/关闭阴影，显示/隐藏渲染对话框（仅当绘图区域显示三维视图时才可用），裁剪视图，显示/隐藏裁剪区域，解锁/锁定三维视图，临时隐藏隔离，显示隐藏的图元，临时视图属性，隐藏分析模型，高亮显示位移集（仅当绘图区域显示三维视图时才可用），显示约束。

3.7　Revit 基本命令

启动 Revit 时，默认情况下将显示"最近使用的文件"窗口，在该界面中，Revit 会分别按时间顺序依次列出最近使用的项目文件和最近使用的族文件缩略图和名称，如图 3-36 所示。

图 3-36

Revit 中提供了若干样板，用于不同规程，例如建筑、装饰、给排水、电气、消防、暖通、道路、桥梁、隧道、水利、电力、铁路等各个专业，也可以用于各种建筑项目类型，当然也可以创建自定义样板，以满足特定的需要。

Revit 支持以下格式：

RTE 格式：Revit 的项目样板文件格式，包含项目单位、提示样式、文字样式、线形、线宽、线样式、导入/导出设置内容。

RVT 格式：Revit 生成的项目文件格式，通常基于项目样板文件（RTE 文件）创建项目文件，编辑完成后，保存为 RVT 文件，作为设计所用的项目文件。

RFT 格式：创建 Revit 可载入族的样板文件格式，创建不同类别的族要选择不同的族样板文件。

RFA 格式：Revit 可载入族的文件格式，用户可以根据项目需要创建自己的常用族文件，以便随时在项目中调用。

为了实现多软件环境的协同工作，Revit 提供了导入、链接、导出工具，可以支持 DWF、CAD、FBX 等多种文件格式。

3.7.1 项目打开、新建和保存

在 Revit 软件运用中，打开、新建和保存是一个项目最基本的操作。

（1）打开项目文件、族文件

① 打开项目文件。

在"最近使用的文件"窗口中，单击"项目"下的"打开"按钮，在弹出的"打开"对话框中，选择需要打开的项目文件，如图 3-37 所示，单击"打开"按钮。

在"最近使用的文件"窗口中，单击"缩略图"打开项目文件。

单击"🔼"按钮，将光标移动到"打开"按钮上，在展开的"打开"侧拉列表中，单击"项目"按钮，在弹出的"打开"对话框中，选择需要打开的项目文件，单击"打开"按钮。

② 打开族文件。在"最近使用的文件"窗口中，单击"族"下的"打开"按钮，在弹出的"打开"对话框中，选择需要打开的族文件，单击"打开"按钮。如图 3-38 所示。

图 3-37

图 3-38

（2）新建项目文件、族文件

① 新建项目文件。在"最近使用的文件"窗口中，单击"项目"下的"新建"按钮，在弹出的"新建项目"对话框中，选择需要的样板文件，单击"确定"按钮，如图 3-39 所示。在系统默认的样板文件中，如果找不到所需要的文件，可在"新建项目"对话框中单击"浏览"按钮，在打开的"选择样板"对话框中，如图 3-40 所示，选择所需要的样板文件，单击"打开"按钮。

图 3-39

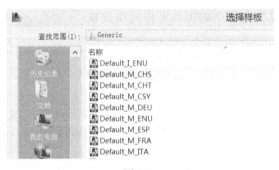

图 3-40

② 新建族文件。在"最近使用的文件"窗口中，单击"族"下方的"新建"按钮，在弹出的"新建-选择样板文件"对话框中，选择需要的样板文件，如"公制常规模型"族样板。

在"最近使用的文件"窗口中，单击"族"下方的"新建概念体量"按钮，在弹出的"新概念体量-选择样板文件"中（图 3-41），选择"公制体量"选项，单击"打开"按钮。

图 3-41

单击"■■"按钮，将光标移动到"新建"按钮上，在展开的"新建"侧拉列表中，单击"族"按钮，在弹出的"新建-选择样板文件"对话框中，选择需要打开的样板文件，单击"打开"按钮。

（3）保存项目文件、族文件

① 保存项目文件。单击"■■"按钮，单击"保存"按钮（或者 Ctrl＋S 键）或单击

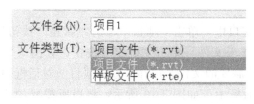

图 3-42

"快速访问工具栏"上的"🔲"按钮，在打开的"另存为"对话框中命名文件，选择需要保存的文件类型，单击"保存"按钮，项目可以保存为"项目文件（*.rvt）"，也可以保存为"样板文件（*.rte）"，如图 3-42 所示。

② 保存族文件。单击"🔧"按钮，单击"保存"按钮（或者 Ctrl＋S 键）或单击"快速访问工具栏"上的"🔲"按钮，在打开的"另存为"对话框中命名文件，选择需要保存的文件类型，单击"保存"按钮，族文件只能保存为"*.rfa"格式。

3.7.2 视图窗口

Revit 窗口中的绘图区域显示当前项目的视图以及图纸和明细表。每次打开项目视图时，默认情况下此视图窗口会显示在绘图区域中其他打开视图窗口的上面，其他视图窗口仍处于打开的状态，但是这些视图窗口在当前视图窗口的下面。使用"视图"选项卡，"窗口"面板中的工具可排列项目视图，如图 3-43 所示。

图 3-43

3.7.3 修改面板

修改面板中提供了用于编辑现有图元、数据和系统的工具，包含了操作图元时需要使用的工具。例如剪切、拆分、移动、复制、旋转等常用的修改工具，如图 3-44 所示。

图 3-44

(1) 对齐工具（AL）

对齐工具的快捷键为"AL"，可以将一个或多个图元与选定的图元对齐。可以锁定对齐，确保其他模型修改时不会影响对齐。

将窗户底部对齐到墙体底部：单击"修改"选项卡，"修改"面板，"🔲"按钮，在状态栏中会出现使用对齐工具的提示信息"选择要对齐的线或点参照"，配合键盘 Tab 键选择墙体底部，在墙体底部会出现蓝色虚线，状态栏中提示"选择要对齐的实体（它将同参照一起移动到对齐状态）"，单击窗户的底部，将窗户底部对齐到墙体底部，此时会出现锁形标记，单击锁形标记将窗户与墙体进行锁定，如图 3-45 所示。

继续对齐第二个窗户：再次单击墙体底部，单击窗户底部，按 Esc 键两次退出对齐命令。

　　将窗顶部对齐到参照平面上：单击"▪"按钮，在选项栏上勾选"多重对齐"复选框（也可以在按住 Ctrl 键的同时选择多个图元进行对齐），选择参照平面，依次单击窗顶部。

　　将模型线左侧的端点对齐到轴网上，单击"修改"选项卡，"修改"面板，"▪"按钮，单击模型线左侧的端点，再次单击轴网线，如图 3-46 所示，按 Esc 键两次退出对齐命令。

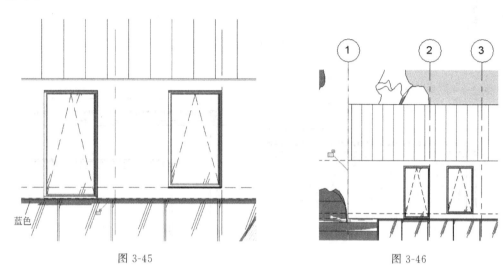

图 3-45　　　　　　　　　　　　　　　图 3-46

（2）移动工具（MV）

　　移动工具的快捷键为"MV"。移动工具的工作方式类似于拖拽，但是在选项栏上提供了其他功能，允许进行更精确的放置。在选项栏上，勾选"约束"复选框，可限制图元沿着与其垂直或共线的矢量方向移动。勾选"分开"复选框，可在移动前中断所选图元和其他图元之间的关联。首先，单击图元一次，目的是输入移动的动点，此时页面上将会显示该图元的预览图像，沿着希望图元移动的方向移动光标，光标会捕捉到捕捉点，此时会显示尺寸标注作为参考，再次单击以完成移动操作。如果要更精确地移动，输入图元要移动的距离值，按 Enter 键或空格键。

（3）偏移工具（OF）

　　偏移工具的快捷键为"OF"。将选定的图元（例如线、墙或梁），复制或移动到其长度的垂直方向上的指定距离处，可以偏移单个图元或属于同一个族的一连串图元。可以通过拖拽选定图元或输入值来指定偏移距离。

　　单击"修改"选项卡，"修改"面板，"▪"按钮，在选项栏上，选择"图形方式"，勾选"复制"，单击玻璃幕墙的底部墙体，再次单击玻璃幕墙选择偏移的起点，在参照平面上单击鼠标左键确定偏移的终点，如图 3-47 所示。

　　单击"修改"选项卡，"修改"面板，"▪"按钮，在选项栏上，指定偏移距离的方式为"数值方式"，勾选"复制"，在偏移框中输入"500.0"。将光标放置在墙体内侧，配合键盘 Tab 键选择玻璃幕墙的整条链，单击鼠标左键，如图 3-48 所示，按 Esc 键两次退出对齐命令。

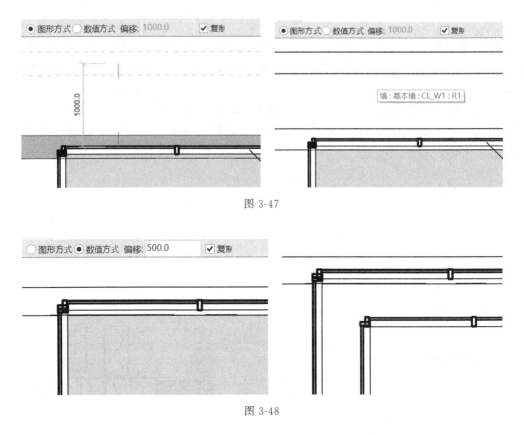

图 3-47

图 3-48

（4）复制工具（CO）

复制工具的快捷键为"CO"，也可以按住 Ctrl 键，同时点击鼠标左键选取要复制的对象拖拽复制，复制工具可复制一个或多个选定图元。复制工具与"复制到剪贴板"工具不同，复制某个选定图元并立即放置该图元时可使用复制工具。在放置副本之前切换视图时，可使用"复制到剪切板"工具。选择要复制的图元，单击"修改｜＜图元＞"选项卡，"修改"面板，"⬢"按钮，或单击"修改"选项卡，"修改"面板，"⬢"按钮，选择要复制的图元，然后按 Enter 键或空格键。

如图 3-49 所示，选择想要复制的家具图元，在"修改｜＜家具＞"上下文选项卡中，单击"修改"面板，"⬢"按钮。在选项栏上，勾选"约束"和"多个"。单击"轴线②"作为复制的起点，向右移动鼠标，单击"轴线③"作为复制的终点。因为已经勾选"多个"复选框，所以可以继续向右复制。单击"修改"选项卡，"修改"面板，"⬢"按钮，选择"家具"，然后按 Enter 键或空格键。在选项栏上取消勾选"约束"复选框，单击家具的中心位置作为复制起点，向右下方移动鼠标单击一点作为家具的复制终点，如图 3-50 所示，按 Esc 键两次退出复制命令。

（5）旋转工具（RO）

旋转工具的快捷方式为"RO"，使用旋转工具可使图元围绕轴旋转。在楼层平面视图、天花板投影平面视图、立面视图和剖面视图中，图元会围绕垂直于这些视图的轴进行旋转。在三维视图中，该轴垂直于视图的工作平面。如果需要，可以拖动或单击旋转中心控件，按空格键或在选项栏选择旋转中心，以重新定位旋转中心，然后单击鼠标指定第一条旋转线，再单击鼠标来指定第二条旋转线。

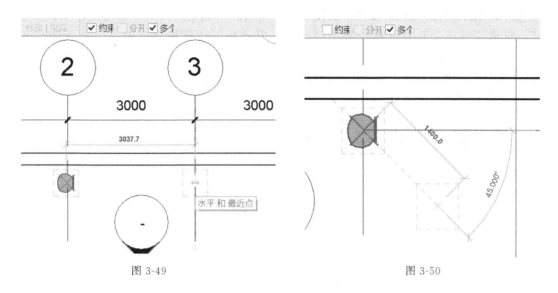

图 3-49　　　　　　　　　　　　　　　　　图 3-50

(6) 镜像（MM）

镜像工具的快捷方式为"MM"，镜像工具使用一条线作为镜像轴，对所选模型图元执行镜像（反转其位置），可以拾取镜像轴，也可以绘制临时轴。使用镜像工具可以翻转选定图元，或者生成图元的一个副本并反转其位置。选择要镜像的图元，单击"修改 | ＜图元＞"选项卡中的"修改"面板，单击"▧"或者"▧"按钮，或单击"修改"选项卡，"修改"面板，"▧"或"▧"按钮，选择要旋转的图元，然后按 Enter 键或空格键。

如图 3-51 所示，对门进行镜像操作。选中想要镜像的门，单击"修改"面板，"▧"按钮，单击参照平面，或者单击"▧"按钮，选择"门"，然后按 Enter 键，根据需要在适当的位置绘制镜像轴。

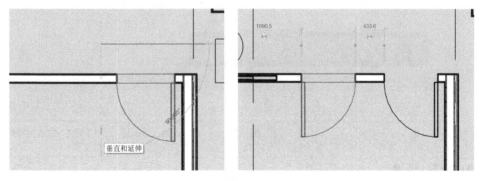

图 3-51

(7) 阵列工具（AR）

阵列工具的快捷方式为"AR"。阵列工具用于创建选定图元的线性阵列或半径阵列，使用阵列工具可以创建一个或多个图元的多个实例，并同时对这些实例执行操作。可以指定图元之间的距离，阵列中的实例可以是组的成员。阵列可以分为线性阵列▥和径向阵列▧两种。在选择阵列工具后，在选项栏上会有"移动到：第二个/最后一个"的选项。

对图元-植物进行陈列：选择植物，在"修改|植物"上下文选项卡中单击"修改"面板，"⊞"按钮，在选项栏上选择"线性"命令，勾选"成组并关联"复选框，项目数为"4"，勾选"第二个"复选框，勾选"约束"复选框，选择植物的端点，输入距离为"2000"，然后按 Enter 键，如图 3-52 所示。在数字框中可以根据绘图需要来改变图元的个数，按 Esc 键结束操作。当再次选择植物时，植物是成组的，单击"成组"面板，"🐄"按钮，可将它们解组。

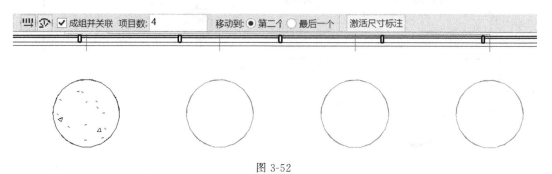

图 3-52

(8) 缩放工具 (RE)

缩放工具的快捷方式为"RE"，可以调整选定项的大小，通常是调整线性类图元（如墙体和草图线）的大小，缩放的方式有两种，分别为"图形方式"和"数值方式"。

例如：新建项目文件，使用墙工具绘制一段墙体。选中墙体，在"修改|墙"上下文选项卡中单击"修改"面板，"🔲"按钮，在选项栏上，选择"图形方式"复选框，单击墙体上一点作为缩放起点，移动光标时会有缩放的预览图像出现，单击一点作为缩放终点，如图 3-53 所示。

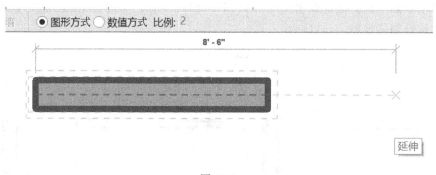

图 3-53

(9) 修剪/延伸

使用修剪和延伸工具，可以修剪或延伸一个或多个图元到由相同的图元类型定义的边界上，也可以延伸不平行的图元以形成角，或者在它们相交时进行修剪以形成角。选择要修剪的图元时，光标位置指定要保留的图元部分。

3.7.4 视图裁剪、隐藏和隔离

裁剪区域定义了项目视图的边界，可以在所有图形项目视图中显示模型裁剪区域和注

释裁剪区域。如果只是想查看或编辑视图中特定类别的少数几个图元时，临时隐藏或隔离图元/图元类别会很方便。隐藏工具可在视图中隐藏所选图元，隔离工具可在视图中显示所选图元并隐藏所有其他图元，该工具只会影响绘图区域中的活动视图。当关闭项目时，除非该修改是永久性修改，否则图元的可见性将恢复到初始状态。

(1) 视图裁剪

模型裁剪区域可用于裁剪位于模型裁剪边界上的模型图元、详图图元（例如：隔热层和详图线）、剖面框和范围框。位于模型裁剪边界上的其他相关视图的可见裁剪边界也会被剪裁。只要注释裁剪区域接触到注释图元的任意部分，注释裁剪区域就会完全裁剪注释图元。参照隐藏或裁剪模型图元的注释（例如：符号、标记、注释记号和尺寸标注）不会显示在视图中，即使这些注释在注释裁剪区域内部也是如此。透视三维视图不支持注释裁剪区域。

在视图控制栏上单击"ᒥᕋᕋ"按钮或者在属性选项卡中勾选"裁剪区域可见""注释裁剪"复选框，可控制裁剪区域可见性，如图 3-54所示。

范围	
裁剪视图	☑
裁剪区域可见	☑
注释裁剪	☐
远剪裁	不剪裁
远剪裁偏移	21301.2
范围框	无

图 3-54

可以通过使用控制柄或明确设置尺寸来根据需要调整裁剪区域的尺寸。

使用拖拽控制柄调整裁剪区域的尺寸：选择裁剪区域，拖拽控制柄到所需位置。

使用截断线控制柄调整裁剪区域的尺寸：当将光标放置在截断线控制柄附近时，✕ 表示将删除的视图部分，截断线控制柄可将视图截断为单独区域，如图 3-55 所示。

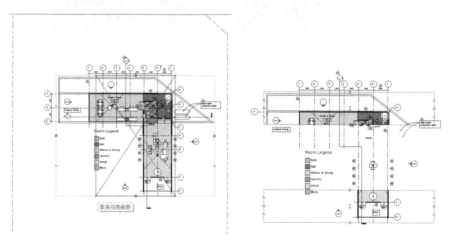

图 3-55

(2) 隐藏

① 临时隐藏/隔离。临时隐藏或隔离图元/图元类别：在绘图区域中，选择一个或多个图元，在视图控制栏上，单击"👓"按钮，然后选择下列选项之一：

a. 隔离类别：选择屋顶，单击"隔离类别"按钮，只有屋顶在视图中可见，如图 3-56 所示。

b. 隐藏类别：隐藏视图中的所有选定类别。选择屋顶，单击"隐藏类别"按钮，所有屋顶都会在视图中隐藏，如图 3-57 所示。

图 3-56

图 3-57

② 隔离图元：仅隔离选定图元。选择屋顶，单击"隔离图元"按钮，只有被选择的屋顶会在视图中可见，如图 3-58 所示。

③ 隐藏图元：仅隐藏选定图元。选择屋顶，单击"隐藏图元"按钮，只有被选择的屋顶会在视图中隐藏，如图 3-59 所示。

图 3-58

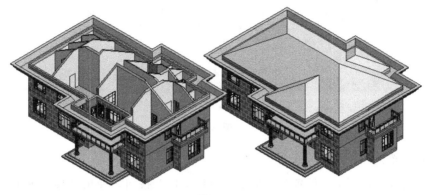

图 3-59

临时隐藏/隔离图元或图元类别时，将显示带有边框的"临时隐藏/隔离"图标（）。在视图控制栏上，单击""按钮，然后单击"重设临时隐藏/隔离"按钮，所有临时隐藏或隔离的图元将恢复到视图中，退出"临时隐藏/隔离"模式并保存修改。在视图控制栏上，单击""按钮，然后单击"将隐藏/隔离应用到视图"按钮，如果想重新恢复到原来的状态，则在视图控制栏上单击""按钮。此时，"显示隐藏的图元"的图标和绘图区域将显示一个彩色边框，用于指示处于显示隐藏图元模式下，所有隐藏或隔离的图元都以彩色显示，而可见图元则显示为半色调。选择隐藏或隔离的图元，在图元上单击鼠标右键，展开取消在视图中隐藏的侧拉列表选择图元或类别。最后在视图控制栏上，单击"显示隐藏的图元"按钮。

3.8　Revit 项目设置

一般情况下，不同的项目有不同的项目信息和项目单位，项目信息和项目单位是根据项目的环境来进行设置的。

3.8.1　项目信息、项目单位

(1) 项目信息

如图 3-60 所示，打开新建建筑样板，单击"管理"选项卡"设置"面板中"项目信息"按钮，Revit 会弹出"项目属性"对话框。在"项目属性"对话框中，可以看到项目信息是一个系统族，同时包含了"标识数据"选项卡、"能量分析"选项卡和"其他"选项卡。"其他"选项卡中包括项目发布日期、项目状态、客户姓名、项目地址、项目名称、项目编号和审定。

在"标识数据"选项卡里设置组织名称、组织描述、建筑名称以及作者。在"能量分析"选项卡中，可以设置"能量设置"。"能量设置"对话框中包含了"通用"选项卡、"详图模型"选项卡、"能量模型"选项卡。"通用"选项卡又包含建筑类型、位置、地平面，如图 3-61 所示。

图 3-60

（2）项目单位

单击"管理"选项卡"设置"面板中"项目单位"按钮，弹出"项目单位"对话框，如图 3-62 所示。可以设置相应规程下每一个单位所对应的格式。

图 3-61

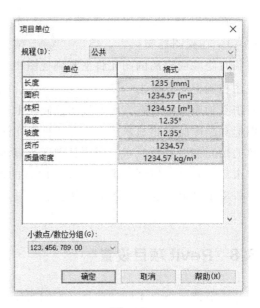

图 3-62

3.8.2 材质

单击"管理"选项卡"设置"面板中的"材质"按钮，如图 3-63 所示，弹出"材质浏览器"对话框。

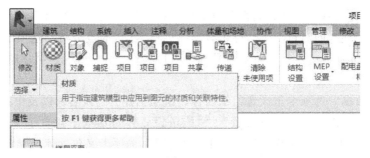

图 3-63

在"材质浏览器"对话框中，由 5 个部分组成，最上面是"搜索"，可以搜索项目材质列表里的所有材质。例如输入"水泥"两个字，材质列表里会出现与水泥相关的材质，如图 3-64 所示。

（1）复制/新建材质

以创建一个"镀锌钢板"材质为例。通过上一步打开"材质浏览器"对话框之后，在项目材质列表里选择"不锈钢"材质，单击右键，在下拉列表中选择"重命名"选项，直接将其名称改成"镀锌钢板"，单击"确定"按钮，退出"材质浏览器"对话框，如图 3-65 所示。

图 3-64

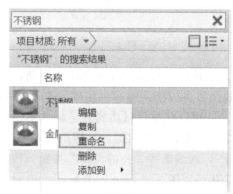

图 3-65

（2）添加项目材质

打开"材质浏览器"对话框之后，选择 AEC 材质库里的"金属"选项，同时右边的材质库列表会显示金属的相关材质，选择"金属嵌板"材质，右边会出现隐藏的按钮，单击按钮，该材质会自动添加到项目材质列表中，如图 3-66 所示。

图 3-66

（3）创建新材质库

根据（2）中的步骤，打开"材质浏览器"对话框之后，单击左下方 ![按钮] 按钮，选择"创建新库"选项，弹出"选择文件"对话框。浏览到桌面上，输入文件名为"我的材质"。并确定库文件的后缀为".adsklib"，单击"保存"按钮，Revit 将创建新材质库，如图 3-67 所示。

① 选择"我的材质"材质库，单击右键，在下拉列表中选择"创建类别"按钮，新

类别将创建在该库的下面，如图 3-68 所示，修改类别名称为"我的金属"。

图 3-67   图 3-68

② 还可以选择"我的金属"类别，单击右键，在下拉列表中选择"创建类别"继续创建出更多的新类别，并且对其进行重命名。

③ 可以将项目材质列表里的"不锈钢"材质添加到"我的金属"类别里。选择"不锈钢"材质，单击右键，在侧拉列表中选择"添加到"选项，继续在侧拉列表选择"我的材质"，继续选择"我的金属"按钮，该"不锈钢"材质会自动添加到"我的金属"类别列表中，如图 3-69 所示，并且还可以对其进行重命名。单击"确定"按钮，退出"材质浏览器"对话框。

④ 同理，也可以将材质库列表的材质添加到"我的金属"类别里。在 AEC 材质库里选择"金属"按钮，选择"钢"材质，单击右键，再选择"添加到"选项，选择"我的材质"选项，继续选择"我的金属"选项，如图 3-70 所示，该材质会添加到"我的金属"类别里。单击"确定"按钮，退出"材质浏览器"对话框。

图 3-69

图 3-70

3.8.3　项目参数

项目参数用于指定可添加到项目中的图元类别及在明细表中使用的参数，注意项目参数不可以与其他项目或族共享，也不可以出现在标记中。

例如设置门、窗属性，添加实例项目参数，名称为"编号"，步骤如下：

① 单击"管理"选项卡"设置"面板中"项目参数"按钮，弹出"项目参数"对话框，Revit 会给出一些项目参数供选择，单击右边的"添加"按钮，弹出"参数属性"对话框。

② 如图 3-71 所示，确定参数类型为项目参数，在右边类别栏中，"过滤器列"选择"建筑"，在下拉列表中勾选"窗"和"门"两个类别。在左边"参数数据"下输入"名称"为"编号"，设置"参数类型"为"文字"，确定勾选"实例"，单击"确定"按钮，退出"参数属性"对话框。

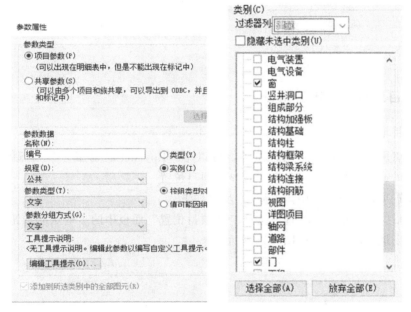

图 3-71

在"项目参数"对话框里会显示刚刚创建的项目参数"编号"处于选中状态下，单击"确定"按钮，退出"项目参数"对话框，当选中项目中的门或窗时，"属性"选项板中实例属性将出现"编号"参数，如图 3-72 所示。

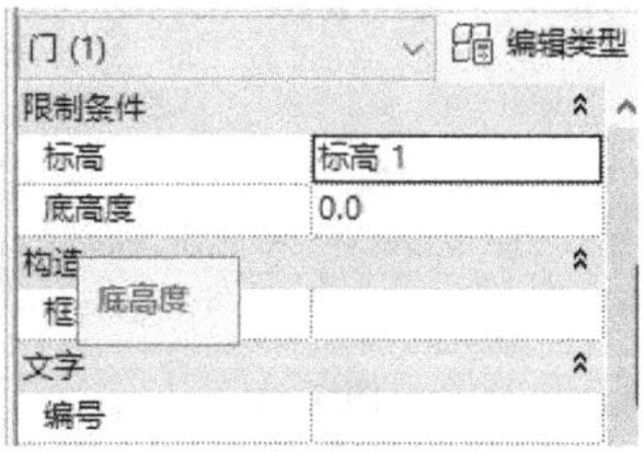

图 3-72

用明细表统计门窗数量时，项目参数会出现在明细表字段中。例如创建门明细表，如图 3-73 所示，若统计门的"编号"，可以将它添加到右边的明细表字段中。

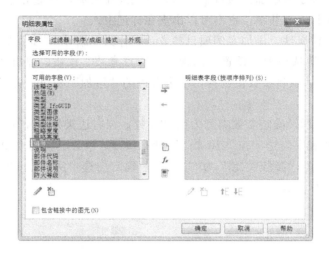

图 3-73

3.8.4　项目地点、旋转正北

（1）项目地点

项目地点用于指定项目的地理位置，可以用"Internet 映射服务"，通过搜索项目位置的街道地址或者项目的经纬度来直观显示项目位置。

比如设置项目地点为"中国上海"，步骤如下。

打开项目文件，单击"管理"选项卡"项目位置"面板中的"地点"按钮，弹出"位置、气候和场地"对话框，如图 3-74 所示。

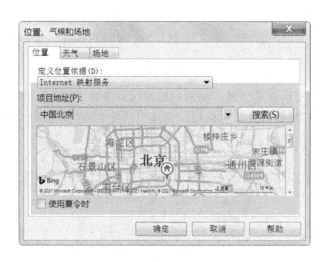

图 3-74

方法一：在"位置"选项卡下"定义位置依据（D）"下选择"默认城市列表"选

项，在"城市"后面单击下拉列表符号，展开其下拉列表，从列表中选择"上海，中国"选项，单击"确定"按钮，退出"位置、气候和场地"对话框。

　　方法二：打开"位置、气候和场地"对话框，若用户的计算机连接到互联网，在"位置"选项卡下"定义位置依据（D）"下选择"Internet 映射服务"选项，如图 3-75 所示，输入项目地址名称为"上海，中国"，单击搜索，通过 Google Maps（谷歌地图）服务显示项目的位置，同时显示经度和纬度。单击"确定"按钮，退出"位置、气候和场地"对话框。

图 3-75

（2）旋转正北

　　旋转正北可以相对于"正北"方向修改项目的角度。比如设置首层平面图正北方向为"北偏东 30°"。

　　打开项目文件，切换至首层平面图，修改"属性"选项板里方向为"正北"。然后单击"管理"选项卡"项目位置"面板"位置"按钮，如图 3-76 所示，展开下拉列表，选

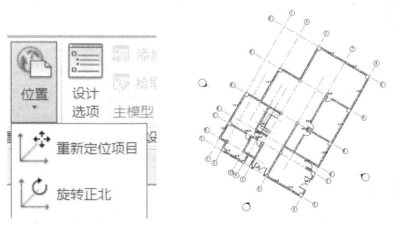

图 3-76

择"旋转正北"选项，在选项栏中输入从项目到正北方向的角为 30°，修改后面的方向为"西"，按一次"Enter"键，Revit 会自动调整正北方向。

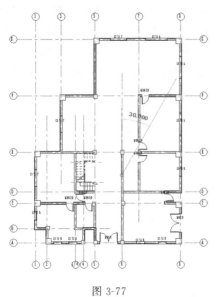

图 3-77

若不设置选项栏数值，也可以直接向东转 30°，如图 3-77 所示。单击选项栏旋转中心后面的"地点"按钮，可以重新设置旋转中心，或配合键盘"空格键"，也可以重新设置旋转中心。

3.8.5 项目基点、测量点

项目基点定义了项目坐标系的原点（0,0,0）。此外，项目基点还可用于在场地中确定建筑的位置，并在构造期间定位建筑的设计图元。参照项目坐标系的高程点坐标和高程点相对于此点显示。

打开视图中的项目基点和测量点的可见性，切换至场地平面图，单击"视图"选项卡"图形"面板中"可见性/图形"按钮，弹出"可见性/图形"对话框（快捷键 VV），在"可见性/图形"对话框的"模型类别"选项卡中，向下滚动到"场地"并将其展开。勾选"项目基点"和"测量点"，如图 3-78 所示。"项目基点"和"测量点"可以在任何一个楼层平面图中显示。

图 3-78

图 3-79

3.8.6 其他设置

其他设置用于定义项目的全局设置，可以使用这些设置来自定义项目的属性，例如单位、线型、载入的标记、注释记号和对象样式。

（1）创建线样式

单击"管理"选项卡"设置"面板"其他设置"按钮，展开下拉列表，如图 3-79 所示。

弹出"线样式"对话框，单击右下方"修改子类别"下"新建"按钮，弹出"新建子类别"对话框，输入名称为"模拟线"，单击"确定"按钮，退出"新建子类别"对话框。设置模拟线的颜色为"红色"，单击"确定"按钮，再次单击"确定"按钮，退出"线样式"对话框，如图 3-80 所示。

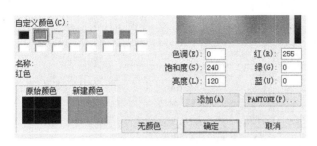

图 3-80

（2）线宽

用于创建或修改线宽，可以控制模型线、透视视图线或注释线的线宽。对于模型图元，线宽取决于视图比例。单击"管理"选项卡"设置"面板"其他设置"按钮，展开下拉列表，选择"线宽"选项，打开"线宽"对话框。线宽分为模型线宽、透视视图线宽。模型线宽共 16 种，每种都可以根据每一个视图指定大小。单击右边的"添加"按钮，打开"添加比例"对话框，单击下拉列表符号按钮，展开下拉列表，选择 1∶100，单击"确定"按钮，再次单击"确定"按钮，退出"线宽"对话框，如图 3-81 所示。

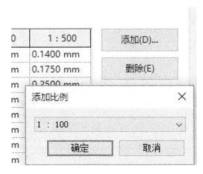

图 3-81

（3）线型图案

单击"管理"选项卡"设置"面板"其他设置"按钮，展开下拉列表，选择"线型图案"选项，打开"线型图案"对话框。在"线型图案"对话框中，将显示所有项目模型图元的线型图案，选择某一个线型图案，单击右边的"编辑"按钮，可以修改原名称和类型值。单击右边的"删除"按钮可以删除该线型图案。单击"重命名"按钮，可对该线型图案重命名。如图 3-82 所示。

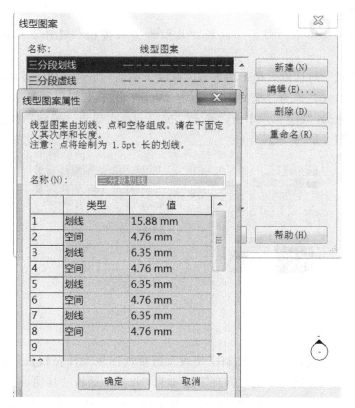

图 3-82

第 4 章 | Revit 族功能介绍

族是 Revit 软件中的一个非常重要的构成要素。掌握族的概念和用法至关重要。正是因为族的概念的引入，才可以实现参数化的设计。比如在 Revit 中可以通过修改参数来实现修改门窗设备族的尺寸及材质等。正是因为族的开放性和灵活性，使我们在设计时可以自由定制符合设计需求的注释符号和三维构件族等，从而可满足国内建筑行业应用 Revit 软件的本地化标准定制的需求。所有添加到项目中的图元（从用于构成建筑模型的结构构件、墙、屋顶、窗和门到 Revit 模型中的管道、附件、风口、机械设备，再到用于记录该模型的详图索引、装置、标记和详图构件）都是使用族创建的。

通过使用预定义的族和在 Revit 中创建新族，可以将标准图元和自定义图元添加到模型中。通过族，还可以对用法和行为类似的图元进行某种级别的控制，以便轻松地修改设计和更高效地管理项目。

族是一个包含通用属性（称为参数）集和相关图形表示的图元组。属于一个族的不同图元的部分或全部参数可能有不同的值，但是参数（其名称与含义）的集合是相同的，族中的这些变体称为族类型或类型。在 Revit 族中，有些族只能在项目环境中进行设置和修改，比如风管、水管和电缆桥架等，称之为"系统族"。用户能够创建的最为熟悉的族，是扩展名为 .rfa 的"构件族"，可以被载入到不同项目文件中使用，比如弯头、电灯等。如果要新建或者修改"构件族"，需要使用 Revit 族编辑器。除了上述两种族，还有一种族叫"内建族"，它与之前介绍的"构件族"的不同之处在于，"内建族"只能存储在当前的项目文件中，不能单独存成 .rfa 文件，也不能用在别的项目文件中。

4.1 族的使用

4.1.1 载入族

在项目设计过程中使用 Revit，往往需要大量的族，Revit 提供了多种将族载入到项目中的方法。

① 新建或打开一个项目文件，单击功能区中的"插入"按钮，然后点击"载入族"按钮，弹出"载入族"对话框，如图 4-1 所示。可以单选和多选要载入的族，然后单击"打开"按钮，选择的族即被载入到项目中。

② 新建或打开一个项目文件，通过 Windows 的资源管理器直接将族文件（.rfa 文

图 4-1

件）拖到项目的绘图区域，这个族文件即被载入到项目中。

③ 打开项目文件后，再打开一个族文件（.rfa 文件），单击功能区中"创建"按钮，然后点击"载入到项目"按钮，如图 4-2 所示，这个族即被载入到项目中。

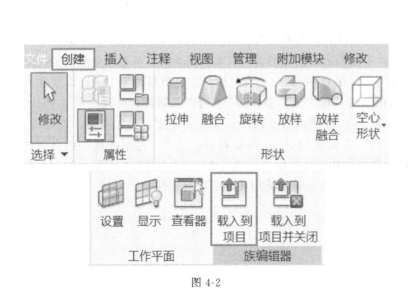

图 4-2

图 4-3

在项目文件中，通过单击项目浏览器中的"族"列表查看项目中所有的族，如图 4-3 所示。"族"列表按族类型分组显示，如"坡道"族类别、"墙"族类别等。

4.1.2 放置类型

可以通过以下两种方法在项目中放置族。

① 选择功能区中的"系统"选项卡，在"HVAC""机械""卫浴和管道"及"电气"面板中选择族类别，如图 4-4 所示。如单击"风管 管件"按钮，选择"修改|放置 风管管件"选项卡，在左侧"属性"对话框的类型选择器中选择一个族的族类型，放置在绘图区域。

图 4-4

"系统"选项卡中的族类型用于水、暖、电设计，如果要使用建筑结构族，可选择"建筑"选项卡，如图 4-5 所示。

图 4-5

② 在项目浏览器中，选择要放置的族类型名，如矩形风管，直接拖到绘图区域中进行绘制，如图 4-6 所示。

图 4-6

有些族是基于面创建的，在放置到项目中时，需放置在实体表面上（如墙面、楼板等）。放置时，应先在"修改|放置 卫浴装置"选项卡的"放置"面板中选择放置的面类型，如图 4-7 所示。

图 4-7

4.1.3 编辑项目中的族和族类型

(1) 编辑项目中的族

可以通过以下三种方法编辑项目中的族。

① 在项目浏览器中，选择要编辑的族名，然后单击鼠标右键，在弹出的快捷菜单中选择"编辑"命令，如图 4-8 所示，此操作将打开"族编辑器"。在"族编辑器"中编辑族文件，将其重新载入到项目文件中，覆盖原来的族（"族编辑器"的应用将在后面的内容中详细介绍）。

图 4-8

② 在右键快捷菜单中还可以对族进行"新建类型""删除""重命名""编辑""保存""重新载入"和"搜索"的操作。如果族已放置在项目绘图区域中，可以单击该族，然后在功能区中单击"编辑族"按钮，如图 4-9 所示，打开"族编辑器"。

③ 对于已放置在项目绘图区域中的族，用鼠标右键单击族，在弹出的快捷菜单中选择"编辑族"命令，如图 4-10 所示，也将打开"族编辑器"。

但上述方法不能编辑系统族，比如风管、水管和电缆桥架等，只能在项目中创建、修改和删除系统族的族类型。

(2) 编辑项目中的族类型

可以通过以下两种方法编辑项目中的族类型。

① 在项目浏览器中，选择要编辑的族类型名，双击鼠标（或单击鼠标右键，在弹出的快捷菜单中选择"类型属性"命令），弹出"类型属性"对话框，如图 4-11 所示。

图 4-9

图 4-10　　　　　　　　　　　　　　　　　图 4-11

　　② 如果族已放置在项目绘图区域中，可以单击该族，然后在"属性"对话框中单击"编辑类型"按钮，如图 4-12 所示，也将弹出"类型属性"对话框。

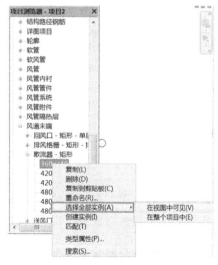

图 4-12　　　　　　　　　　　　　　　　　图 4-13

　　要选择某个类型的所有实例，可以在项目浏览器中或绘图区域用鼠标右键单击该族类型，在弹出的快捷菜单中选择"选择全部实例"，然后选择"在视图中可见"或"在整个项目中"，如图 4-13 所示，这些实例将会在绘图区域高亮显示，同时在 Revit 窗口右下角图标显示选定图元的个数。

4.1.4 创建构件族

为了满足不同项目的需要，用户往往需要修改和新建构件族，掌握"族编辑器"的使用方法和技巧会帮助用户正确、高效地修改和创建构件族，为项目设计打下坚实的基础。通常"族编辑器"创建构件族的基本步骤如下。

① 选择族的样板。

② 设置族类别和族参数。

③ 创建族类型和参数。

④ 创建实体。

⑤ 设置可见性。

⑥ 添加族的连接件。

4.2 族的样板

单击 Revit 界面左上角的"文件"→"新建"→"族"按钮，如图 4-14 所示，选择一个 .rft 样板文件。使用不同的样板创建的族有不同的特点。

图 4-14

（1）公制常规模型 .rft

该族样板最常用，用它创建的族可以放置在项目的任何位置，不用依附于任何一个工作平面和实体表面。

（2）基于面的公制常规模型 .rft

用该样板创建的族可以依附于任何的工作平面和实体表面，但是它不能独立地放置到项目的绘图区域，必须依附于其他的实体。

（3）基于墙、天花板、楼板和屋顶的公制常规模型 .rft

这些样板统称基于实体的族样板，用它们创建的族一定要依附在某一个实体表面上。例如，用"基于墙的公制常规模型 .rft"创建的族，在项目中它只能依附在墙这个实体上，不能腾空放置，也不能放在天花板、楼板和屋顶平面上。

（4）基于线的公制常规模型 .rft

该样板用于创建详图族和模型族，与结构梁相似，这些族使用两次拾取放置。用它创建的族在使用上类似于画线或风管的效果。

（5）公制轮廓族 .rft

该样板用于画轮廓。轮廓被广泛应用于族的建模中，比如放样命令。

（6）常规注释.rft

该样板用于创建注释族，用来注释标注图元的某些属性。和轮廓族一样，注释族也是二维族，在三维视图中是不可见的。

（7）公制详图构件.rft

该样板用于创建详图构件，建筑族使用得比较多，MEP 也可以使用，其创建及使用方法基本和注释族类似。

（8）创建自己的样板族

Revit 提供了一个十分简单的族样板创建方法，只要将文件的扩展名.rfa 改成.rft，就能直接将一个族文件转变成一个样板文件。

4.3　族类别和族参数

4.3.1　族类别

在选择族的样板后，即可进入到"族编辑器"。首先需要设置"族类别和族参数"。单击功能区中的"创建"选项卡，如图 4-15 所示，然后点击"族类别和族参数"按钮，打开"族类别和族参数"对话框，如图 4-16 所示。

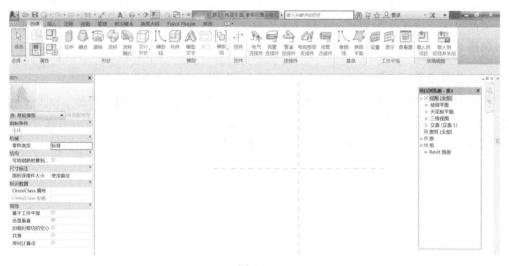

图 4-15

该对话框十分重要，它将决定族在项目中的工作特性。选择不同的"族类别"，会显示不同的"零件类型"和系统参数。

4.3.2　族参数

选择不同的"族类别"可能会有不同的"族参数"显示。这里以"常规模型"族类别为例，介绍其族参数的作用，如图 4-17 所示。

"常规模型"族是一个通用族，不带有任何水、暖、电族的特性，它只有形体特征，以下是其中一些族参数的意义。

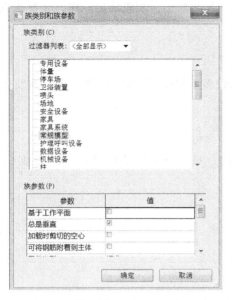
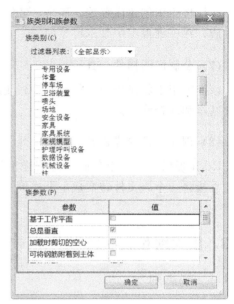

図 4-16　　　　　　　　　　　　　　　　図 4-17

（1）基于工作平面

如果勾选了"基于工作平面"复选框，即使选用了"公制常规模型.rft"样板创建的族也只能放在一个工作平面或是实体表面，类似于选择了"基于面的公制常规模型.rft"样板创建的族。对于 Revit 的族，通常不勾选该项。

（2）总是垂直

对于勾选了"基于工作平面"的族和基于面的公制常规模型创建的族，如果勾选了"总是垂直"复选框，族将相对于水平面垂直，如图 4-18 左图所示，如果不勾选"总是垂直"复选框，族将垂直于某个工作平面，如图 4-18 右图所示。

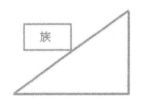
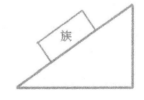

図 4-18

（3）共享

如果勾选了"共享"复选框，当这个族作为嵌套族载入到另一个父族中，该父族被载入到项目中后，勾选了"共享"复选框的嵌套族也能在项目中被单独调用，实现共享。默认不勾选。

（4）OmniClass 编号/标题

OmniClass 编号/标题这两个选项是适用于国外的用户使用的，我国项目不需要使用。

（5）零件类型

"零件类型"和"族类别"密切相关，下面介绍 Revit 中常用的几种族类别及其部件类型的选择。Revit 常用的族类别和零件类型的适用情形如表 4-1 所示。

表 4-1

族类别	零件类型
风道末端、风管附件、机械设备、管路附件、管件、卫浴装置	阻尼器、风管安装设备、弯头、进口、出口、设备、风扇和系统干扰、罩（暖气罩）、连接、遮蔽、过渡件、未定义、阀
通信设备、数据设备、电气设备、电气装置、火警设备、护理呼叫设备、安全设备、电话设备	标准、面板、变压器、开关板、数据配电盘、开关接线盒
电缆桥架配件	槽式弯头、槽式垂直弯头、槽式四通、槽式 T 形三通、槽式过渡件、槽式活接头、槽式乙字弯、槽式多个端口、梯式弯头、梯式垂直弯头、梯式四通、梯式 T 形三通、梯式过渡件、梯式活接头、梯式乙字弯、梯式多个端口
线管配件	弯头、管帽、活接头、多个端口、T 形三通、四通、接线盒弯头

4.4　族类型和参数

当设置完族类别和族参数后，打开"族类型"对话框，对族类型和参数进行设置。单击功能区中的"常规"选项卡，然后点击"族类型"按钮，如图 4-19 所示，打开"族类型"对话框。

图 4-19

4.4.1　新建族类型

"族类型"是在项目中用户可以看到的族的类型。一个族可以有多个类型，每个类型可以有不同的尺寸形状，并且可以分别调用。在"族类型"对话框中单击"新建"按钮可以添加新的族类型，对已有的族类型还可以进行"重命名"和"删除"操作。

4.4.2　添加参数

参数对于族十分重要，正是有了参数来传递信息，族才具有了强大的生命力。单击"族类型"对话框中的"添加"按钮，打开"参数属性"对话框，如图 4-20 所示。以下介绍一些常用设置。

图 4-20

（1）参数类型

① 族参数。参数类型为"族参数"的参数，载入项目文件后，不能出现在明细表或标记中。

② 共享参数。参数类型为"共享参数"的参数，可以由多个项目和族共享，载入项目文件后，可以出现在明细表和标记中。如果使用"共享参数"，将在一个 TXT 文档中记录这个参数。

③ 系统参数。在 Revit 中还有一类参数叫做"系统参数"，用户不能自行创建这类参数，也不能修改或删除它们的参数名。选择不同的"族类别"，在"族类型"对话框中会出现不同的"系统参数"。"系统参数"也可以出现在项目的明细表中。

（2）参数数据

① 名称。参数名称可以任意输入，但在同一个族内，参数名称不能相同。参数名称区分大小写。

② 规程。有五种"规程"可供选择，如表 4-2 所示。Revit 建筑设备中最常用的"规程"有公共、HVAC、电气和管道四种。

表 4-2

种类	规程	说明
1	公共	可以用于任何族参数的定义
2	结构	用于结构族
3	HVAC	用于定义暖通族的参数
4	电气	用于定义电气族的参数
5	管道	用于定义管道族的参数

不同"规程"对应显示的"参数类型"也不同。在项目中，可按"规程"分组设置项目单位的格式，如图 4-21 所示，所以此处选择的"规程"也决定了族参数在项目中调用的单位格式。

（3）参数类型

"参数类型"是参数最重要的特性，不同的"参数类型"有不同的特点和单位。以

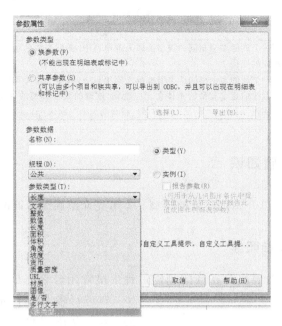

图 4-21

"公共"规程为例,其"参数类型"的说明如表 4-3 所示。

表 4-3

序号	参数类型	说明
1	文字	可以随意输入字符,定义文字类型参数
2	整数	始终表示为整数的值
3	数值	用于各种数字数据,是实数
4	长度	用于建立图元或子构件的长度
5	面积	用于建立图元或子构件的面积
6	体积	用于建立图元或子构件的体积
7	角度	用于建立图元或子构件的角度
8	坡度	用于定义坡度的参数
9	货币	用于货币参数
10	质量密度	用于输入质量密度参数
11	URL	提供至用户定义的 URL 网络连接
12	材质	可在其中指定待定材质的参数
13	图像	用于添加图像
14	是/否	使用"是"或"否"定义参数,可与条件判断连用
15	多行文字	可以设置多行文字
16	族类型	用于嵌套构件,不同的族类型可匹配不同的嵌套族

(4) 参数分组方式

"参数分组方式"定义了参数的组别,其作用是使参数在"族类型"对话框中按组分类显示,方便用户查找参数。该定义对于参数的特性没有任何影响。

(5) 类型/实例

用户可根据族的使用习惯选择"类型参数"或"实例参数"选项,其说明如表 4-4 所示。

表 4-4

序号	参数	说明
1	类型参数	如果有同一个族的多个相同的类型被载入到项目中,类型参数的值一旦被修改,所有的类型个体都会发生相应的变化
2	实例参数	如果有同一个族的多个相同的类型被载入到项目中,其中一个类型的实例参数的值一旦被修改,只有当前被修改的这个类型的实体会相应变化,该族的其他类型的这个实物参数的值仍然保持不变。在创建实例参数后,所创建的参数名后将自动加上"(默认)"二字

4.5　族编辑器基础知识

在添加参数后,可以开始创建族的模型。本节先介绍族编辑器的一些基础知识。

4.5.1　参照平面和参照线

"参照平面"和"参照线"在族的创建过程中最常用,它们是辅助绘图的重要工具。

800

图 4-22

在进行参数标注时,必须将实体"对齐"放在"参照平面"上并锁住,由"参照平面"驱动实体,如图 4-22 所示。该操作方法严格贯穿整个建模的过程。"参照线"主要用在控制角度参变上。

通常在大多数的族样板（RFT 文件）中已经画有 3 个参照平面,它们分别为 X、Y 和 Z 平面方向,其交点是 $(0,0,0)$ 点。这 3 个参照平面被固定锁住,并且不能被删除。通常情况下不要解锁和移动这 3 个参照平面,否则可能导致所创建的族原点不在 $(0,0,0)$ 点,无法在项目文件中正确使用。

4.5.1.1　参照平面

(1) 绘制参照平面

选择"公制常规模型.rft"创建一个族,单击功能区中的"创建"选项卡,然后点击"参照平面"按钮,如图 4-23 所示,将鼠标移至绘图区域,单击即可指定"参照平面"起点,移动至终点位置再次单击,即完成一个"参照平面"的绘制。接下来可以继续移动鼠标绘制下一个"参照平面",或按两次 Esc 键退出。

图 4-23

（2）参照平面属性

① 是参照。对于参照平面，"是参照"是最重要的属性。不同的设置使参照平面具有不同的特性。选择绘图区域的参照平面，打开"属性"对话框，打开"是参照"下拉列表，如图 4-24 所示。

图 4-24

表 4-5 说明了"是参照"中各选项的特性。

表 4-5

参数类型	说明
非参照	这个参照平面在项目中将无法捕捉和标注尺寸
强参照	强参照的尺寸标注和捕捉的优先级最高。建一个族并将其放置在项目中，放置此族时，临时尺寸标注会捕捉到族中任何"强参照"。在项目中选择此族时，临时尺寸标注将显示在"强参照"上。如果放置永久性尺寸标注，几何图形中的"强参照"将高亮显示（图 4-25 中圈出部分）
弱参照	"弱参照"的尺寸标注优先级比"强参照"低。将族放置到项目中并对其进行尺寸标注时，需要按 Tab 键选择"弱参照"
左	
中心（左/右）	
右	
前	这些参照，在同一个族中只能用一次，其特性和"强参照"类似。通常用来表示样板自带的 3 个参照平面：中心（左/右）、中心（前/后）和中心（标高），还可以用来表示族的最外端边界的参照平面：左、右、前、后、底和顶
中心（前/后）	
后	
底	
中心（标高）	
顶	

② 定义原点。"定义原点"用来定义族的插入点。Revit 族的插入点可以通过参照平面定义。如图 4-26 所示选择参照平面的定义原点。默认样板中的 3 个参照平面都勾选了"定义原点"复选框，一般不要更改它们。在族的创建过程中，常利用样板自带的 3 个参照平面，即族默认的（0,0,0）点作为族的插入点。在建模开始时，就应计划好以这一点作为建模的出发点，以创建出高质量的族。用户如果想改变族的插入点，可以先选择要设置插入点的参照平面，然后在"属性"对话框中勾选"定义原点"复选框，这个参照平面即成为插入点。

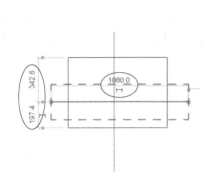

图 4-25   图 4-26

③ 名称。当一个族中有很多参照平面时，可命名参照平面，以帮助区分。选择要设置名称的参照平面，然后在"属性"对话框的"名称"文本框中输入名字，参照平面的名称不能重复。参照平面被命名后，可以重命名，但无法清除名称。

4.5.1.2　参照线

"参照线"和"参照平面"的功能基本相同，它主要用于实现角度参数变化。要实现参照线的角度自由变化，要做到以下几点。

(1) 绘制参照线

单击功能区中的"创建"选项卡，然后点击"参照线"按钮，如图 4-27 所示，默认以直线绘制。

图 4-27

将鼠标移至绘图区域，单击即可指定"参照线"起点，移动至终点再次单击，即完成这一"参照线"的绘制。接下来可以继续移动鼠标绘制下一"参照线"，或按两次 Esc 键退出，如图 4-28 所示。

单击功能区中的"修改|放置 参照线"选项卡，然后点击"对齐"按钮，如图 4-29 所示。

如图 4-30 所示，先选择垂直的参照平面，然后选择参照线的端点，如果选不到端点可以按 Tab 键进行切换选择。这时将出现一个锁形状的图标，默认是打开的，单击一下锁，将该锁锁住，使这条参照线和垂直的参照平面对齐锁住。

同理，将参照线和水平的参照平面对齐锁住。

(2) 标注参照线之间的夹角

单击功能区中的"注释"选项卡，然后点击"角度"按钮，如图 4-31 所示。

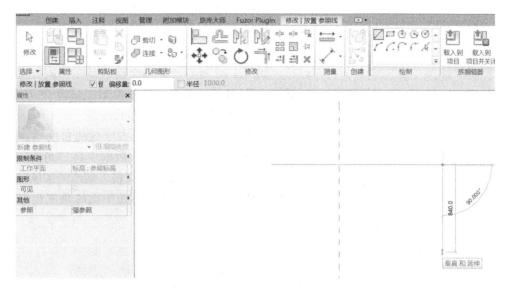

图 4-28

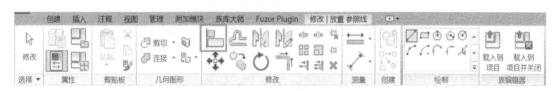

图 4-29

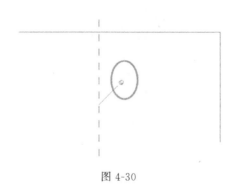

图 4-30

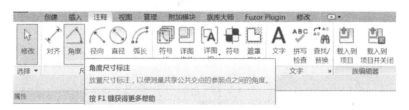

图 4-31

　　选择参照线和水平的参照平面，然后选择合适的地点放置尺寸标注，按两次 Esc 键退出尺寸标注状态，如图 4-32 所示。

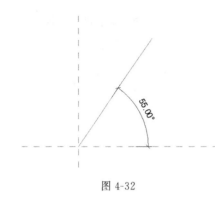

图 4-32

给夹角添加参数。单击刚刚标注的角度尺寸，在选项栏中选择"标签"，然后点击"添加参数"选项，打开"参数属性"对话框，输入参数名"角度1"，如图 4-33 所示。如果之前已经在"族类型"对话框中添加了"角度1"的参数，只要在"标签"下拉列表中选择这个参数即可。

若改变了参数的值，则参照线的角度也会相应变化。假设在"族类型"对话框中将"角度1"的值改成 52°，单击"应用"按钮，则绘图区域中的尺寸标注变成 60.00°，并且参照平面的角度也随之改变，如图 4-34 所示。

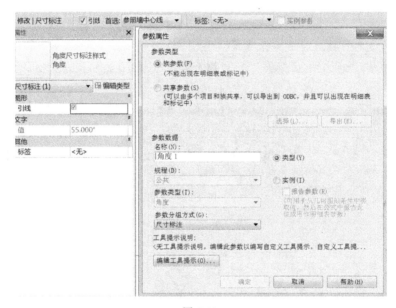

图 4-33

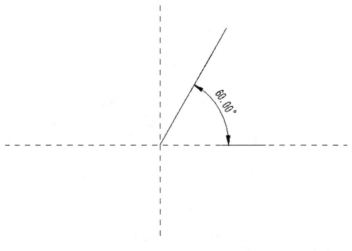

图 4-34

"参照线"和"参照平面"相比除了多了两个端点的属性，还多了两个工作平面。如图 4-35 所示，切换到三维视图，将鼠标移到参照线上，可以看到水平和垂直的两个工作平面。在建模时，可以选择参照线的平面作为工作平面，这样创建的实体位置可以随参照线的位置而改变。

图 4-35

4.5.2　工作平面

Revit 中的每个视图都与工作平面相关联，所有的实体都在某一个工作平面上。在族编辑器中的大多数视图中，工作平面是自动设置的。执行某些绘图操作及在特殊视图中启用某些工具（如在三维视图中启用"旋转"和"镜像"）时，必须使用工作平面。绘图时，可以捕捉工作平面网格，但不能相对于工作平面网格进行对齐或尺寸标注。

（1）工作平面的设置

单击功能区中的"创建"选项卡，然后点击"工作平面"中"设置"按钮，打开"工作平面"对话框，如图 4-36 所示。

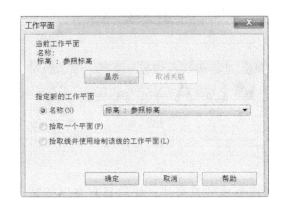

图 4-36

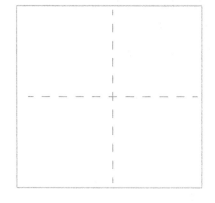

图 4-37

可以通过以下方法来指定工作平面：
① 在"名称"下拉列表中选择已经命名的参照平面的名字。
② 拾取一个参照平面。
③ 拾取实体的表面。
④ 拾取参照线的水平和垂直的法面。

⑤ 拾取任意一条线并将这条线的所在平面设为当前的工作平面。

（2）工作平面的显示

单击功能区中的"创建"选项卡，然后点击"工作平面"中"显示"按钮，显示或隐藏工作平面，图 4-37 所示为显示的工作平面，工作平面默认的是隐藏。

4.5.3　模型线和符号线

（1）模型线

模型线无论在哪个工作平面上绘制，在其他视图都可见。比如，在楼层平面视图上绘制了一条模型线，把视图切换到三维视图，模型线依然可见。

单击功能区中的"创建"选项卡，然后点击"模型"中"模型线"按钮，如图 4-38 所示，绘制模型线。

图 4-38

（2）符号线

符号线能在平面和立面上绘制，但是不能在三维视图中绘制。符号线只能在其所绘制的视图上显示，其他的视图都不可见。比如在楼层平面视图上绘制了一条符号线，将视图切换到三维视图，就看不见这条符号线了。

单击功能区中的"注释"选项卡，然后点击"详图"中"符号线"按钮，如图 4-39 所示，绘制符号线。

图 4-39

用户可根据族的显示需要，合理选择绘制模型线或符号线，使族具有多样的显示效果。

4.5.4　模型文字和文字注释

（1）模型文字

单击功能区中的"创建"选项卡，然后点击"模型文字"按钮，创建三维实体文字。当族载入到项目中后，在项目中模型文字可见。

（2）文字注释

单击功能区中的"注释"选项卡，然后点击"文字"按钮，添加文字注释，如图 4-40 所示。这些文字注释只能在族编辑器中可见，当族载入到项目中，这些文字不可见。

图 4-40

4.5.5　控件

在族的创建过程中，有时会用到"控件"按钮，这个按钮的作用是让族在项目中可以按照控件的指向方向翻转，具体添加和使用的方法如下。

① 基于"公制常规模型"样板新建一个族文件，并在绘图区域绘制如图 4-41 所示的图形。

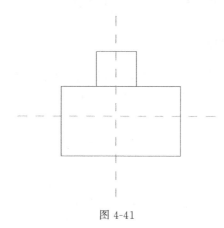

图 4-41

② 单击功能区中的"创建"选项卡，然后点击"控件"按钮，如图 4-42 所示。

图 4-42

③ 单击功能区中的"修改│放置 控制点"选项卡，然后点击"双向垂直"按钮，如图 4-43 所示。

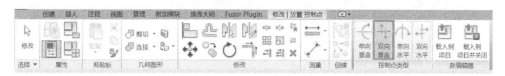

图 4-43

④ 在图形的右侧区域单击，完成一个"双向垂直"控件的添加，如图 4-44 所示。

⑤ 将这个族加载到项目中并插入绘图区域，单击该族时就会出现"双向垂直"的控件符号，单击该"双向垂直"控件符号，该族就会上下翻转，翻转后如图 4-45 所示。

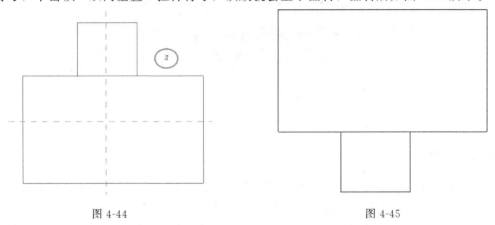

图 4-44   图 4-45

其他控件的添加和使用基本相同，这里不再赘述。

4.5.6 可见性和详细程度

通过可见性在对话框中进行基本设置，可以控制每个实体的显示情况。新建一个族，在同一位置画一个长方体和一个圆柱体，如图 4-46 所示。

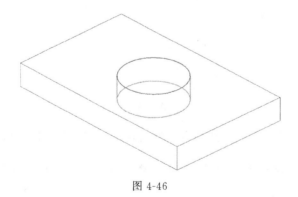

图 4-46

在未设置粗略、中等、精细时，两个实体在各个视图和详细程度中都会显示。通过以下操作可以对它们进行显示控制。

① 单击选中长方体。

② 单击功能区中的"可见性设置"按钮，或者在"属性"对话框的"可见性/图形替换"中单击"编辑"按钮，如图 4-47 所示。

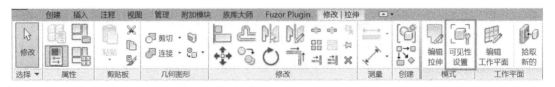

图 4-47

③ 在打开的"族图元可见性设置"对话框中，勾选"详细程度"选项组中的"精细"复选框，单击"确定"按钮，如图 4-48 所示，使长方体只在"精细"程度时显示。

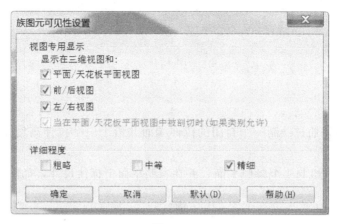

图 4-48

④ 单击选中圆柱体。

⑤ 同步骤②，打开"族图元可见性设置"对话框。

⑥ 只勾选"详细程度"选项组中的"中等"复选框，单击"确定"按钮，使圆柱体只在"中等"程度时显示。新建一个项目，把族载入到项目中。当在视图控制栏中选择"中等"时显示的是圆柱体，当选择"精细"时显示的是长方体，如图 4-49 所示。

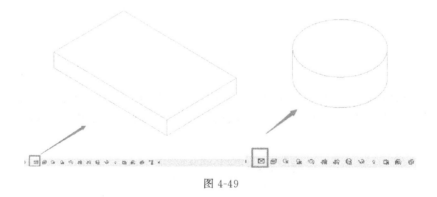

图 4-49

在族编辑器中，"不可见"的图元显示为灰色，载入到项目中才会完全不可见。在"族图元可见性设置"对话框中还可以设置族在平面/天花板平面、前/后、左/右等视图中的可见性，该设置在族的创建中也被广泛使用。

4.6　三维模型的创建

创建族三维模型最常用的命令是创建实体模型和空心模型，熟练掌握这些命令是创建族三维模型的基础。在创建时需遵循的原则是：任何实体模型和空心模型都尽量对齐并锁在参照平面上，通过在参照平面上标注尺寸来驱动实体的形状改变。

在功能区的"创建"选项卡中，提供了"拉伸""融合""旋转""放样""放样融合"和"空心形状"的建模命令，如图 4-50 所示。下面分别介绍它们的特点和使用方法。

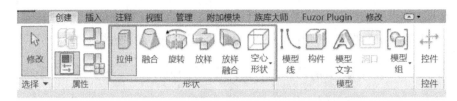

图 4-50

4.6.1 拉伸

"拉伸"命令是通过绘制一个封闭的拉伸端面并给予一个拉伸高度来建模的，其使用方法如下。

① 在绘图区域绘制 4 个参照平面，并在参照平面上标注尺寸，如图 4-51 所示。

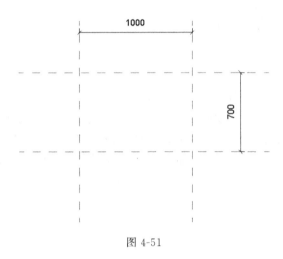

图 4-51

② 单击功能区中的"创建"选项卡，然后点击"拉伸"按钮，打开"修改 | 创建拉伸"选项卡。选择"矩形"方式在绘图区域进行绘制，绘制完成后按 Esc 键退出绘制，如图 4-52 所示。

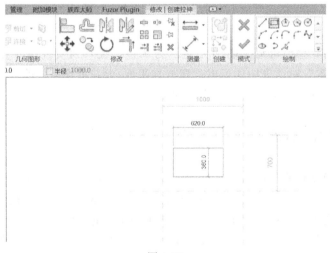

图 4-52

③ 单击"修改"选项卡，然后点击"对齐"按钮，将刚刚任意绘制的矩形和原先的参照平面对齐并锁上，如图 4-53 所示。

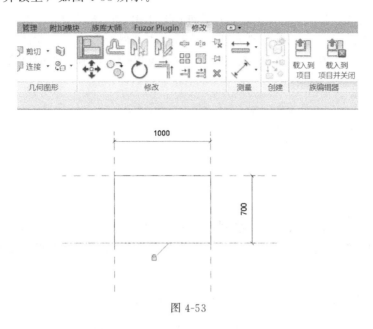

图 4-53

④ 单击"修改 | 创建拉伸"选项卡中的"完成"按钮，完成这个实体的创建。

⑤ 如果需要在高度方向上标注尺寸，用户可以在任何一个立面上绘制参照平面，然后将实体的顶面和底面分别锁在两个参照平面上，再在这两个参照平面之间标注尺寸，将尺寸匹配一个参数，这样就可以通过改变参数值来调整长方体的长、宽、高。对于创建完的任何实体，用户还可以重新编辑。单击想要编辑的实体，然后再单击"修改 | 拉伸"选项卡，然后点击"编辑拉伸"按钮，进入编辑拉伸的界面。用户可以重新绘制拉伸的端面，完成修改后单击"完成"按钮，就可以保存修改，退出编辑拉伸的绘图界面了，如图 4-54 所示。

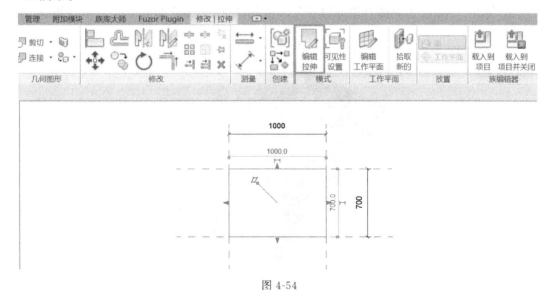

图 4-54

4.6.2　融合

"融合"命令可以将两个平行平面上的不同形状的端面进行融合建模，其使用方法如下。

① 单击功能区中的"创建"选项卡，然后点击"融合"按钮，默认进入"修改｜创建融合底部边界"选项卡，如图 4-55 所示，这时可以通过绘制底部的融合面形状来完成绘制。

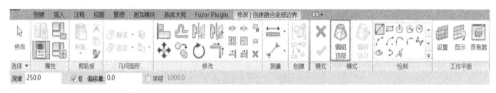

图 4-55

② 单击"编辑顶部"按钮，切换到顶部融合面的绘制，绘制一个矩形。

③ 底部和顶部都绘制完后，通过单击"编辑顶点"按钮可以编辑各个顶点的融合关系，如图 4-56 所示。

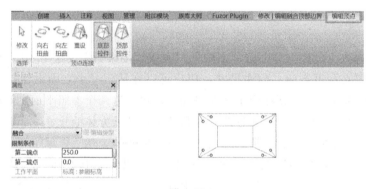

图 4-56

④ 单击"修改｜编辑融合顶部边界"选项卡中的"完成"按钮，完成融合建模，如图 4-57 所示。

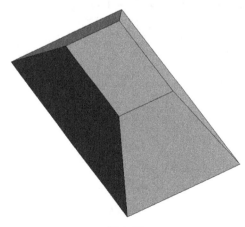

图 4-57

4.6.3　旋转

"旋转"命令可创建围绕一根轴旋转而成的几何图形。可以绕一根轴旋转360°，也可以只旋转180°或任意角度，其使用方法如下。

① 单击功能区中的"创建"选项卡，然后点击"旋转"按钮，打开"修改 | 创建旋转"选项卡，默认先绘制"边界线"，如图4-58所示。可以绘制任何形状，但是边界必须是闭合的。

图 4-58

② 单击选项卡中的"轴线"按钮，在中心的参照平面上绘制一条竖直的轴线，如图4-59所示。用户可以绘制轴线，也可以选择已有的直线作为轴线。

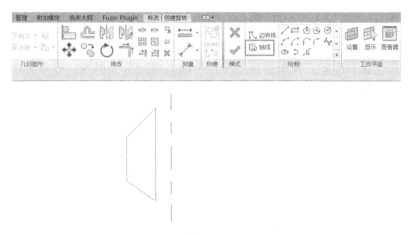

图 4-59

③ 完成边界线和轴线的绘制后，单击"完成"按钮，完成旋转建模。可以切换到三维视图查看建模的效果，如图4-60所示。

图 4-60

用户还可以对已有的旋转实体进行编辑。单击创建好的旋转实体，在"属性"对话框中，将"起始角度"修改成 60.000°，将"结束角度"修改成 180.000°，这样这个实体只旋转了 1/3 个圆，如图 4-61 所示。

图 4-61

4.6.4　放样

"放样"是绘制路径和轮廓并沿该路径拉伸此轮廓的一种族建模方式，其使用方法如下。

① 在楼层平面视图的"参照标高"工作平面上画一条参照线。通常选用参照线的方式来作为放样的路径，如图 4-62 所示。

图 4-62

② 单击功能区中的"创建"选项卡，然后点击"放样"按钮，进入放样绘制界面。用户可以使用"修改 | 放样"选项卡中的"绘制路径"命令画出路径，也可以单击"拾取路径"按钮，通过选择的方式来定义放样路径。单击"拾取路径"按钮，选择刚刚绘制的参照线，单击"完成"按钮，完成路径绘制，如图 4-63 所示。

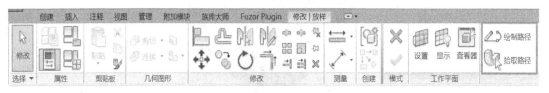

图 4-63

③ 单击选项卡中的"编辑轮廓"按钮，这时会出现"转到视图"对话框，如图 4-64 所示，选择"立面：右"选项，单击"打开视图"按钮，在右立面视图上绘制轮廓线，任意绘制一个封闭的六边形。

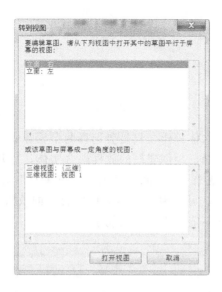

图 4-64

④ 单击"完成"按钮，完成轮廓绘制，如图 4-65 所示，并退出"编辑轮廓"模式。

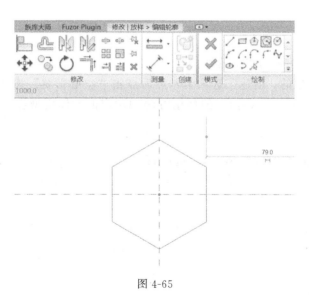

图 4-65

⑤ 单击"修改｜放样"选项卡中的"完成"按钮，完成放样建模，如图 4-66 所示。

4.6.5　放样融合

使用"放样融合"命令，可以创建具有两个不同轮廓的融合体，然后沿路径对其进行

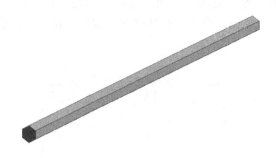

图 4-66

放样。它的使用方法和放样大体一样，只是要选择两个轮廓面。如果在放样融合时选择轮廓族作为放样轮廓，这时选择已经创建好的放样融合实体，打开"属性"对话框，通过更改"选择轮廓 1"和"选择轮廓 2"中间的"水平轮廓偏移"和"垂直轮廓偏移"来调整轮廓和放样中心线的偏移量，可实现"偏心放样融合"的效果，如图 4-67 所示。如果直接在族中绘制轮廓的话，就不能应用这个功能了。

图 4-67

4.6.6 空心形状

空心形状创建的方法有以下两种。

① 单击功能区中的"创建"选项卡，然后点击"空心形状"按钮，如图 4-68 所示，在其下拉列表中选择命令，各命令的使用方法和对应的实体模型各命令的使用方法基本相同。

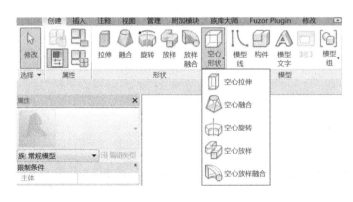

图 4-68

② 实体和空心相互交换。选中实体，在"属性"对话框中将实体转变成空心，如图 4-69 所示。

图 4-69

4.7　三维模型的修改

4.7.1　布尔运算

（1）连接

与其他常见的建模软件一样，Revit 的布尔运算方式主要有"连接"和"剪切"两种。可在功能区的"修改"选项卡中找到相关的命令，如图 4-70 所示。

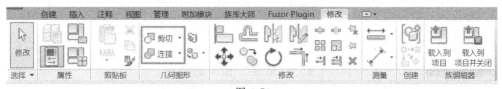

图 4-70

"连接"命令可以将多个实体模型连接成一个实体模型，实现"布尔加"运算，并且在连接处产生实体相交的相贯线。选择"连接"下拉列表中的"取消连接几何图形"选项，如图 4-71 所示，可以将已经连接的实体模型返回到未连接的状态。

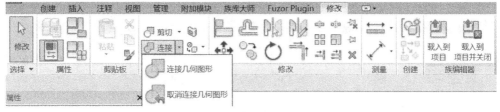

图 4-71

（2）剪切

"剪切"命令可以将实体模型减去空心模型形成"镂空"的效果，实现"布尔减"运算。选择"剪切"下拉列表中的"取消剪切几何图形"选项，如图 4-72 所示，可以将已经剪切的实体模型返回到未剪切的状态。

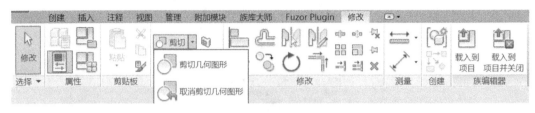

图 4-72

4.7.2　对齐、修剪、延伸、拆分、偏移

Revit 提供了一些图形修改的功能，大多数命令都在"修改"选项卡中，如图 4-73 所示。

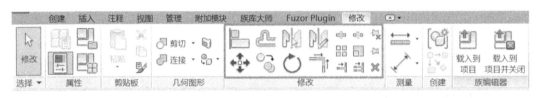

图 4-73

（1）对齐

"对齐"是十分常用的命令，它可以将两个物体紧贴并一起联动。单击"对齐"按钮后，先选择要对齐的线或点参照，然后再选择要对齐的实体面，后选的面会靠拢到先选的点或线参照上，实现对齐。对齐命令结束的时候，在两物体对齐处出现一个"开锁"图标。单击这个"开锁"图标，就会变成"上锁"图标，这表明两个物体是相关联的，可以一起联动，如图 4-74 所示。

（2）修剪

"修改"选项卡中有 3 个与"修剪/延伸"相关的按钮，如图 4-75 所示。从左至右分别代表：修剪或延伸角；修剪或延伸单个图元；修剪或延伸多个图元。对于后两个按钮，应先选择用作边界的参照，再选择要修剪或延伸的图元。Revit 的"修剪/延伸"命令集修剪和延伸于一体，既能实现修剪，又可用做延伸。

图 4-74

图 4-75

（3）拆分

单击"修改"选项卡中的"拆分图元"按钮，选择要拆分的物体，将物体分成两段。

（4）偏移

单击"修改"选项卡中的"偏移"按钮，输入偏移量或选择偏移方式以及是否保留原始物体，然后在要偏移的对象附近用鼠标单击方位控制偏移的方向。

4.7.3　移动、旋转、复制、镜像、阵列

Revit 的"移动""旋转""复制""镜像"等命令和其他绘图软件的基本命令一样。除了"阵列"命令比较难掌握外，其他命令大同小异。这些命令也都在"修改"选项卡中。

4.7.3.1　移动

选择要移动的对象，单击"修改"选项卡中的"移动"按钮，选择移动的起点，再选择移动的终点或直接输入移动的距离。

4.7.3.2　旋转

选择要旋转的对象，单击"修改"选项卡中的"旋转"按钮，定义旋转的中心点，如图 4-76 所示，选择旋转的起始线，再选择旋转的结束线或在选项栏中直接输入角度。

4.7.3.3　复制

选择要复制的对象，单击"修改"选项卡中的"复制"按钮，选择移动的起点，再选择移动的终点或直接输入移动的距离。在选项栏中勾选"多个"复选框，可以多次重复。

4.7.3.4　镜像

"修改"选项卡中有两个与"镜像"相关的按钮，如图 4-77 所示。从左至右分别代表：镜像-拾取轴，先选择现有的线或边作为镜像轴，来反转选定图元的位置；镜像-绘制轴，绘制一条临时线，用作镜像轴，再反转选定图元的位置。选项栏中的"复制"复选框默认是勾选的，如果不勾选"复制"复选框，镜像后原物体不会保留。

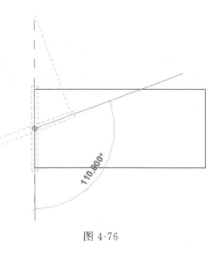

图 4-76

4.7.3.5　阵列

"阵列"是 Revit 中比较难掌握的命令，以下将详细说明其使用方法和技巧。

（1）矩形阵列

选择要阵列的对象，单击"修改"选项卡中"阵列"按钮，选择"矩形阵列"选项，

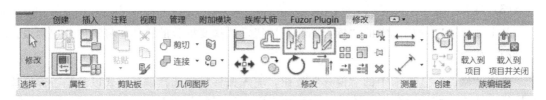

图 4-77

在"项目数"文本框中输入"4",选择移动到"第二个",如图 4-78 所示。然后选择阵列的起点,再选择阵列的终点,这样就完成了将原物体矩形阵列 4 个,且每个物体之间的间距就是刚刚所选择阵列起点和阵列终点的距离。如图 4-78 所示,勾选"成组并关联"复选框,这样阵列出的各个实体是以组存在的,编辑其中任意一个实体,其他实体也随之更新;如果不勾选这个复选框,则阵列后各个实例之间相互脱离,没有任何关系,也不能进行一些参数的运算。

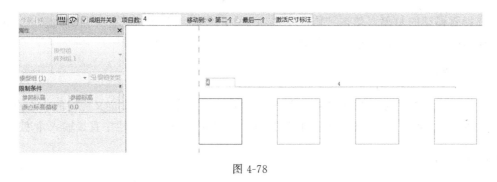

图 4-78

以这种方式进行的阵列,可以第一个和第二个物体的距离来控制整个阵列。一定要同时锁住阵列后第一个和第二个物体,才能通过长度参数来控制阵列的间距,如图 4-79 所示。

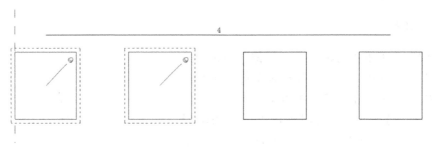

图 4-79

Revit 的矩形阵列还有一种方式,即通过控制阵列的总长度来控制阵列的数量,这也是一种常用的手段。选中阵列的对象,单击"修改"选项卡中的"阵列"按钮,选择"矩形阵列"选项,在"项目数"文本框中输入"4",选中"最后一个"单选按钮,如图 4-80 所示。然后选择阵列的起点,再选择阵列的终点。这样就完成了将原物体矩形阵列 4 个,且第一个物体和最后一个物体的间距就是刚刚所选择阵列起点和阵列终点的距离。

以这种方式进行的阵列,可以第一个和最后一个物体的距离来控制整个阵列。一定

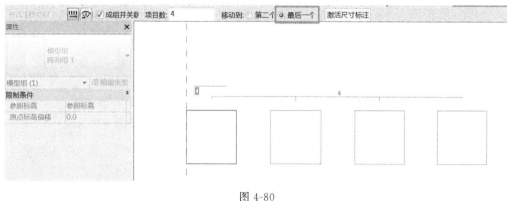

图 4-80

要同时锁住阵列后第一个和最后一个物体，才能通过长度参数来控制阵列，如图 4-81 所示。

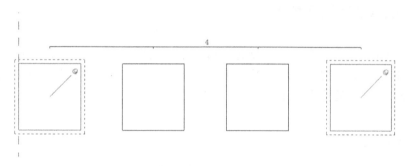

图 4-81

（2）环形阵列

选择要阵列的对象，单击"修改"选项卡中的"阵列"按钮，选择"环形阵列"选项，在"项目数"文本框中输入"8"，将阵列中心拖到两个参照平面的交点（这个操作和拖动旋转中心点一样），然后选择旋转起始边，再选择阵列的结束边或在选项栏的"角度"文本框中输入"360"，如图 4-82 所示。这样就完成了将原物体环形阵列 8 个，其环形阵列的角度是 360°，如图 4-83 所示。

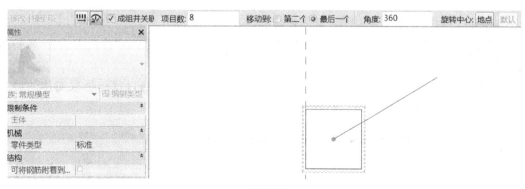

图 4-82

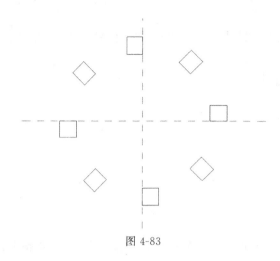

图 4-83

4.8 Revit MEP 族连接件

在 Revit MEP 项目文件中，系统的逻辑关系和数据信息通过构件族的连接件传递，连接件作为 Revit MEP 构件族是区别于其他 Revit MEP 产品构件族的重要特性之一，也是 Revit MEP 构件族的精华所在。

4.8.1 连接件放置

Revit MEP 共支持 5 种连接件：电气连接件、风管连接件、管道连接件、电缆桥架连接件、线管连接件。选择"创建"选项卡，在"连接件"面板中选择所要添加的连接件，如图 4-84 所示。

图 4-84

下面以添加风管连接件为例，具体步骤如下。

① 单击"创建"选项卡，然后点击"风管连接件"按钮，进入"修改 | 放置 风管连接件"选项卡。

② 选择将连接件"放置"在"面"上或"工作平面"上。通过鼠标拾取实体的一个面，将连接件附着在面的中心，如图 4-85 所示。

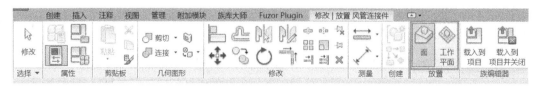

图 4-85

工作平面：将连接件附着在一个工作平面的中心，工作平面可以是通过鼠标拾取的实体的一个面，也可以是一个参照平面。

面：放置连接件时，通过鼠标拾取要放置该连接件的面。

4.8.2　连接件设置

布置连接件后，通过"属性"对话框设置连接件。本节将分别介绍风管连接件、管道连接件、电气连接件、电缆桥架连接件、线管连接件的设置。

（1）风管连接件

单击绘图区域中的风管连接件，打开"属性"对话框，设置风管连接件，如图 4-86 所示。

连接件"属性"对话框各项设置含义如下。

① 系统分类：Revit MEP 风管连接件支持 6 种系统类型，分别是送风、回风、排风、其他、管件、全局。根据需求通过下拉列表为连接件指定系统。Revit MEP 不支持新风系统类型，也不支持用户自定义添加新的系统类型。

② 流向：定义流体通过连接件的方向。当流体通过连接件流进构件族时，流向为"进"；当流体通过连接件流出构件族时，流向为"出"；当流向不明确时，流向为"双向"。

③ 造型：定义连接件形状。对于风管连接件，有 3 种形状可以选择，分别是矩形、圆形、椭圆形。选择矩形或者椭圆形时，需要分别对连接件的宽度和高度进行定义；选择圆形时，需要对连接件的半径进行定义。定义连接件尺寸时，可以直接输入数值或者与"族类型"对话框中定义的尺寸参数相关联。连接件"属性"对话框中的选项如果能够使用"尺寸标注"下右侧的按钮，代表该选项可以直接输入数值或者与"族类型"对话框中定义的相关参数相关联，如图 4-87 所示。

图 4-86

（2）管道连接件

单击绘图区域中的管道连接件，打开"属性"对话框，设置管道连接件，如图 4-88 所示。

连接件"属性"对话框各项设置含义如下。

① 系统分类：Revit MEP 管道连接件支持 12 种系统类型，分别是循环供水、循环回水、卫生设备、家用热水、家用冷水、湿式消防系统、干式消防系统、预作用消防系统、其他消防系统、其他、管件、全局。根据需求通过下拉列表为连接件指定系统，Revit MEP 不支持用户自定义添加新的系统类型。

② 流向：定义流体通过连接件的方向。当流体通过连接件流进构件族时，流向为"进"；当流体通过连接件流出构件族时，流向为"出"；当流向不明确时，流向为"双向"。

图 4-87　　　　　　　　　　　　　　图 4-88

③ 直径：定义连接件接管尺寸。可以直接输入数值或者与"族类型"对话框中定义的尺寸参数相关联。

(3) 电气连接件

Revit MEP 电气连接件支持 9 种系统类型：电力-平衡、电力-不平衡、数据、电话、安全、火警、护士呼叫、控制连接件、通信。电力-平衡和电力-不平衡连接件主要用于配电系统；数据、电话、安全、火警、护士呼叫、控制和通信连接件主要应用于弱电系统，比如，控制连接件可用于控制开关及大型的机械设备远程控制。

① 配电系统连接件。电力-平衡和电力-不平衡连接件主要用于配电系统。这两种系统类型的区别在于相位 1、2、3 上的"视在负荷"是否相等，相等为电力-平衡系统，如图 4-89 所示，不相等则为电力-不平衡系统，如图 4-90 所示。

电力-平衡和电力-不平衡连接件的"属性"对话框各项设置含义如下。

a. 功率系数：又称功率因数，负荷电压与电流间相位差的余弦值的绝对值，取值范围为 0~1，默认值为"1"。

b. 功率系数的状态：提供两种选项，分别是滞后和超前，默认值为"滞后"。

c. 极数、电压和视在负荷：表征用电设备所需配电系统的极数、电压和视在负荷。

d. 负荷分类和负荷子分类电动机：主要用于配电盘明细表、空间中负荷的分类和计算。

② 弱电系统连接件。弱电连接件的设置相对简单，只需在"属性"对话框中选择系统类型即可，如系统类型为"数据"，如图 4-91 所示。

图 4-89

图 4-90

（4）电缆桥架连接件

电缆桥架连接件主要用于连接电缆桥架。"属性"对话框如图 4-92 所示。

图 4-91

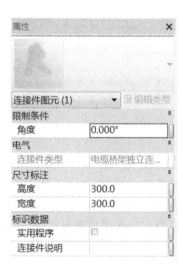

图 4-92

① 高度、宽度：定义连接件尺寸。可以直接输入数值或者与"族类型"对话框中定义的尺寸参数相关联。

② 角度：定义连接件的倾斜角度，默认值为"0.000°"。当连接件无角度倾斜时，可以不设置该项；当连接件有倾斜时，可以直接输入数值或者与"族类型"对话框中定义的角度参数相关联，如弯头等配件族。

（5）线管连接件

线管连接件分为两种类型：单个连接件和表面连接件。添加线管连接件时，首先选

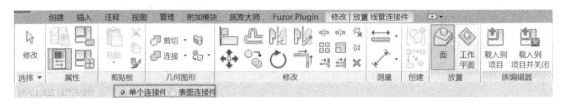

图 4-93

择是添加"单个连接件"还是添加"表面连接件",如图 4-93 所示。单个连接件:通过连接件可以连接一根线管;表面连接件:在连接件附着表面的任何位置连接一根或多根线管。

线管连接件"属性"对话框如图 4-94 所示,各项设置含义如下。

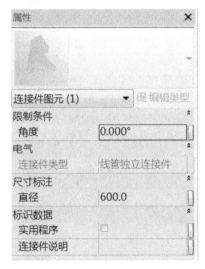

图 4-94

① 直径:定义连接件尺寸,可以直接输入数值或者与"族类型"对话框中定义的尺寸参数相关联。

② 角度:定义连接件的倾斜角度默认值为"0.000°"。当连接件无角度倾斜时,可以不设置该项;当连接件有倾斜时,可以直接输入数值或者与"族类型"对话框中定义的角度参数相关联,如弯头等配件族。

第 5 章 Revit 建筑设备设计

5.1 建筑给排水系统设计

Revit 为我们提供了强大的管道设计功能。利用这些功能，给排水工程师可以更加方便、迅速地布置管道、调整管道尺寸、控制管道显示、进行管道标注和统计等。

5.1.1 设置管道设计参数

本节将着重介绍如何在 Revit 中设置管道设计参数，做好绘制管道的准备工作。合理设置这些参数，可有效减少后期管道的调整工作。

5.1.1.1 管道尺寸设置

在 Revit 中，通过"机械设置"中的"尺寸"选项设置当前项目文件中的管道尺寸信息。打开"机械设置"对话框的方式有以下几种。

① 单击"管理"选项卡，然后点击"设置"，再点击"MEP 设置"中"机械设置"按钮，如图 5-1 所示。

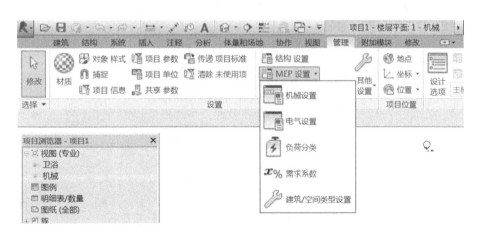

图 5-1

② 单击"系统"选项卡，然后点击"机械"后"↘"按钮，如图 5-2 所示。

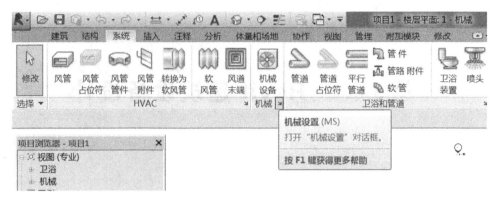

图 5-2

③ 快捷键 MS。

(1) 添加/删除管道尺寸

打开"机械设置"对话框后，选择"管段和尺寸"选项，右侧面板会显示可在当前项目中使用的管道尺寸列表。在 Revit 中，管道尺寸可以通过"管段"进行设置，"粗糙度"用于管道的水力计算。

图 5-3 显示了热熔对接的 PE63 塑料管、规范 GB/T 13663 中压力等级为 0.6MPa 时的管道的公称直径、ID（管道内径）和 OD（管道外径）。

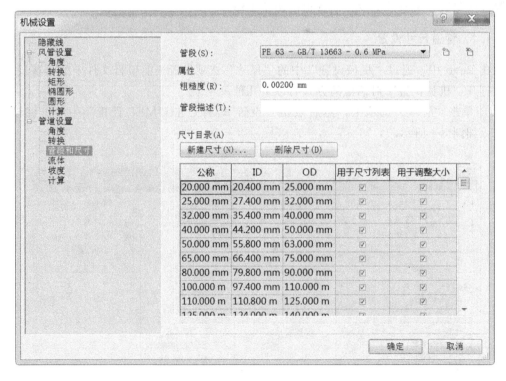

图 5-3

单击"新建尺寸"或"删除尺寸"按钮可以添加或删除管道的尺寸。新建管道的公称直径和现有列表中管道的公称直径不允许重复。如果在绘图区域已绘制了某尺寸的管道，该尺寸在"机械设置"尺寸列表中将不能删除，需要先删除项目中的管道，才能删除"机械设置"尺寸列表中的尺寸。

（2）尺寸应用

通过勾选"用于尺寸列表"和"用于调整大小"复选框来调节管道尺寸在项目中的应用。如果勾选一段管道尺寸的"用于尺寸列表"，该尺寸可以被管道布局编辑器和"修改｜放置 管道"中管道"直径"下拉列表调用，在绘制管道时可以直接在选项栏的"直径"下拉列表中选择尺寸，如图 5-4 所示。如果勾选某一管道的"用于调整大小"，该尺寸可以应用于"调整风管/管道大小"功能。

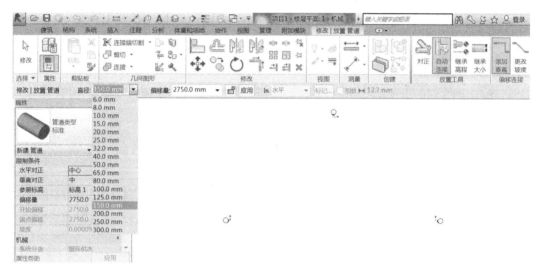

图 5-4

5.1.1.2　管道类型设置

这里主要是指管道和软管的族类型。管道和软管都属于系统族，无法自行创建，但可以创建、修改和删除族类型。

单击"系统"选项卡，然后点击"卫浴和管道"中"管道"按钮，通过绘图区域左侧的"属性"对话框选择和编辑管道类型，如图 5-5 所示。Revit 提供的"Plumbing-Default _ CHSCHS"项目样板文件中默认配置了一种管道类型——"标准"。"标准"管道类型如图 5-5 所示。

单击"编辑类型"按钮，打开管道"类型属性"对话框，对管道类型进行设置，如图 5-6 所示。在"属性"栏中，"机械"列表下定义的是和管道属性相关的参数，单击"编辑类型"按钮，打开管道"类型属性"对话框，对管道类型进行设置，如图 5-6 所示。在"类型属性"栏中，有管段和管件的编辑和标识数据相关参数可供填写和更改。

通过在"管件"列表中配置各类型管件族，可以指定绘制管道时自动添加到管路中的管件。管件类型在绘制管道时可以自动添加到管道中的有弯头、T 形三通、接头、四通、过渡件、活接头和法兰。如果"管件"不能在列表中选取，则需要手动添加到管道系统中，如 Y 形三通、斜四通等。

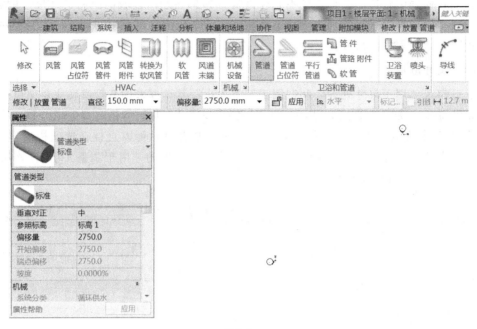

图 5-5

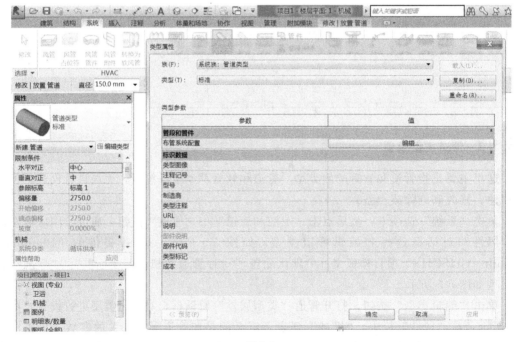

图 5-6

同时，也可用相似方法来定义软管类型。

单击"系统"选项卡，然后点击"卫浴和管道"中"软管"按钮，在"属性"对话框中单击"编辑类型"按钮，打开软管"类型属性"对话框，如图 5-7 所示。和管道设置不同的是，在软管的类型属性中可编辑其"粗糙度"。

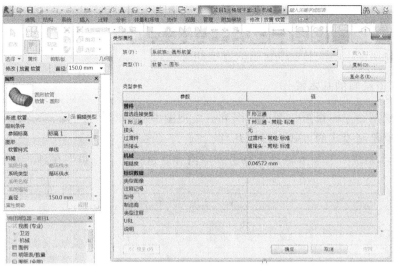

图 5-7

5.1.1.3　流体设计参数

在 Revit 中，除了能定义管道的各种设计参数外，还能对管道中流体的设计参数进行设置，提供管道水力计算依据。在"机械设置"对话框中，选择"流体"，通过右侧面板可以对不同温度下的流体进行"动态黏度"和"密度"的设置，如图 5-8 所示。Revit 输入的有"水""丙二醇"和"乙二醇"3 种流体。可通过"新建温度"和"删除温度"按钮对流体设计参数进行编辑。

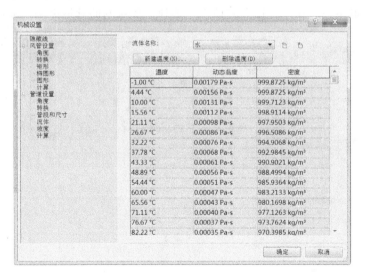

图 5-8

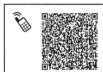

管道的直径等参数如何设置？请扫码查看。

5.1.2 管道绘制

本节将介绍在 Revit 中管道绘制的方法和要点。

5.1.2.1 管道绘制的基本操作

在平面视图、立面视图、剖面视图和三维视图中均可绘制管道。

进入管道绘制模式的方式有以下几种。

① 单击"系统"选项卡，然后点击"卫浴和管道"中"管道"按钮，如图 5-9 所示。

图 5-9

② 选中绘图区已布置构件族的管道连接件，单击鼠标右键，在弹出的快捷菜单中选择"绘制管道"命令。

③ 快捷键 PI。

进入管道绘制模式，"修改│放置 管道"选项卡和"修改│放置 管道"选项栏被同时激活。按照以下步骤手动绘制管道。

① 选择管道类型。在"属性"对话框中选择需要绘制的管道类型，如图 5-10 所示。

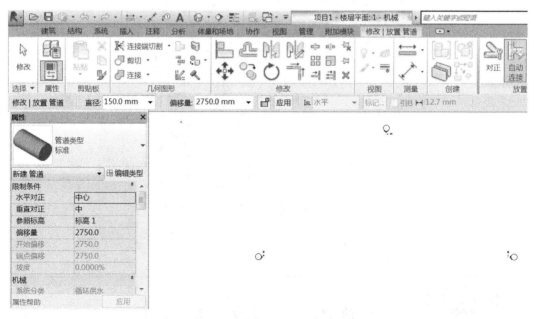

图 5-10

② 选择管道尺寸。在"修改│放置 管道"选项栏的"直径"下拉列表中，选择在

"机械设置"中设定的管道尺寸，也可以直接输入欲绘制的管道尺寸。如果在下拉列表中没有该尺寸，系统将从列表中自动选择和输入最接近的管道尺寸。

③ 指定管道偏移。默认"偏移量"是指管道中心线相对于当前平面标高的距离。重新定义管道"对正"方式后，"偏移量"指定的距离含义将发生变化。在"偏移量"下拉列表中可以选择项目中已经用到的管道偏移量，也可以直接输入自定义的偏移量数值，默认单位为mm。

④ 指定管道起点和终点。将鼠标指针移至绘图区域，单击一点即可指定管道起点，移动至终点位置再次单击，这样即可完成一段管道的绘制。可以继续移动鼠标指针绘制下一管段，管道将根据管路布局自动添加在"类型属性"对话框中预设好的管件。绘制完成后，按Esc键，或者单击鼠标右键，在弹出的快捷菜单中选择"取消"命令，退出管道绘制。

如何绘制管道？有哪些绘制技巧？请扫码查看。

5.1.2.2 管道对齐

（1）绘制管道

在平面视图和三维视图中绘制管道，可以通过"修改｜放置 管道"选项卡下"放置工具"中的"对正"按钮指定管道的对齐方式。打开"对正设置"对话框，如图5-11所示。

图 5-11

① 水平对正：用来指定当前视图下相邻两端管道之间的水平对齐方式。"水平对正"方式有"中心""左"和"右"3种形式。"水平对正"后的效果还与绘制管道的方向有关，如果自左向右绘制管道，选择不同"水平对正"方式的绘制效果如图5-12所示。

② 水平偏移：用于指定管道绘制起始点位置与实际管道绘制位置之间的偏移距离。该功能多用于指定管道和墙体等参考图元之间的水平偏移距离。比如，设置"水平偏移"值为500mm后，捕捉墙体中心线绘制宽度为100mm的管段，这样实际绘制位置是按照"水平偏移"值偏移墙体中心线的位置。同时，该距离还与"水平对正"方式及绘制管道

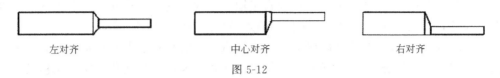

图 5-12

方向有关，如果自左向右绘制管道，3 种不同的水平对正方式下管道中心线到墙中心线的距离标注如图 5-13 所示。

图 5-13

③ 垂直对正：用来指定当前视图下相邻两段管道之间的垂直对齐方式。"垂直对正"方式有"中""底""顶"3 种形式，如图 5-14 所示。"垂直对正"的设置会影响"偏移量"，当默认偏移量为 100mm 时，绘制公称管径为 100mm 的管道，设置不同的"垂直对正"方式，绘制完成后的管道偏移量（即管中心标高）会发生变化。

图 5-14

（2）编辑管道

管道绘制完成后，每个视图中都可以使用"对正"命令修改管道的对齐方式。选中需要修改的管段，单击功能区中的"对正"按钮，进入"对正编辑器"，根据需要选择相应的对齐方式和对齐方向，单击"完成"按钮，如图 5-15 所示。

图 5-15

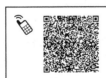

管道的水平对正和垂直对正是怎样的？请扫码查看。

5.1.2.3　自动连接

在"修改｜放置 管道"选项卡中的"自动连接"按钮用于某一段管道开始或结束时自动捕捉相交管道，并添加管件完成连接，如图 5-16 所示。默认情况下，这一选项是激活的。

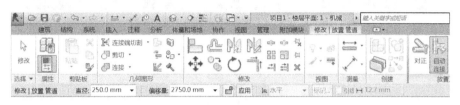

图 5-16

当激活"自动连接"时，如图 5-17 所示，在两管段相交位置自动生成四通；如果不激活，则不生成管件，如图 5-18 所示。

图 5-17　　　　　　　　　　　　　　　　　　　　　图 5-18

管道的弯头、四通如何自动生成？请扫码查看。

5.1.2.4　坡度设置

在 Revit 中，可以在绘制管道的同时指定坡度，也可以在管道绘制结束后再对管道坡度进行编辑。

（1）直接绘制坡度

点击"修改｜放置 管道"选项卡，然后在"带坡度管道"界面可以直接指定管道坡度，如图 5-19 所示。

（2）编辑管道坡度

这里介绍两种编辑管道坡度的方法。

① 选中某管段，单击并修改其起点和终点标高来获得管道坡度，如图 5-20 所示。当管段上的坡度符号出现时，也可以单击该符号修改坡度值。

图 5-19

② 选中某管段，单击功能区中"修改｜管道"选项卡中的"坡度"，激活"坡度编辑器"选项卡，如图 5-21 所示。在"坡度编辑器"选项卡中输入相应的坡度值，如果输入负的坡度值，将反转当前选择的坡度方向。

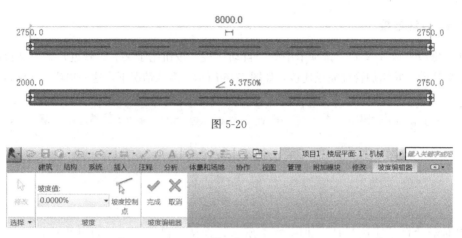

图 5-20

图 5-21

管道的坡度如何设置？请扫码查看。

5.1.2.5 管件的使用方法和注意事项

每个管路中都会包含大量连接管道的管件。这里将介绍绘制管道时管件的使用方法和注意事项。

管件在每个视图中都可以放置使用，放置管件有两种方法。

(1) 自动添加管件

在绘制管道过程中自动加载的管件需在管道"类型属性"对话框中指定。部件类型是弯头、T形三通、接管-垂直、接管-可调、四通、过渡件、活头或法兰的管件才能被自动加载。

(2) 手动添加管件

进入"修改｜放置 管件"模式的方式有以下几种。

① 单击"系统"选项卡，然后点击"卫浴和管道"中"管件"按钮，如图 5-22 所示。

图 5-22

② 在项目浏览器中，展开"族"中"管件"，将"管件"下所需要的族直接拖拽到绘图区域进行绘制。

③ 快捷键 PF。

5.1.2.6　管路附件设置

在平面视图、立面视图、剖面视图和三维视图中均可放置管路附件。

进入"修改 | 放置 管路附件"模式的方式有以下几种。

① 单击"系统"选项卡，然后点击"卫浴和管道"中"管路附件"按钮，如图 5-23 所示。

图 5-23

② 在项目浏览器中，展开"族"中"管路附件"，将"管路附件"下所需的族直接拖拽到绘图区域进行绘制。

③ 快捷键 PA。

如何给管道安装阀门、流量计等管道附件？请扫码查看。

怎样从平面图切换到三维视图？在三维视图里有哪些操作技巧？请扫码查看。

5.1.2.7　软管绘制

在平面视图和三维视图中可绘制软管。进入软管绘制模式的方式有以下几种。

① 单击"系统"选项卡，然后点击"卫浴和管道"中"软管"按钮，如图 5-24 所示。

图 5-24

② 选中绘图区已布置构件族的管道连接件，单击鼠标右键，在弹出的快捷菜单中选择"绘制软管"命令。

③ 快捷键 FP。

按照以下步骤来绘制软管。

① 选择软管类型。在软管"属性"对话框中选择需要绘制的软管类型，如图 5-25 所示。

② 选择软管管径。在"修改 | 放置 软管"选项栏的"直径"下拉列表中选择软管尺

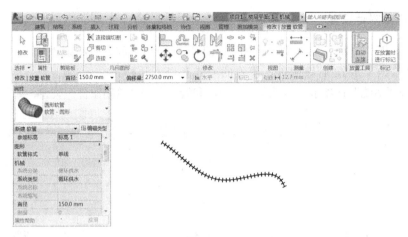

图 5-25

寸，或者直接输入需要的软管尺寸；如果在下拉列表中没有该尺寸，系统将输入与该尺寸最接近的软管尺寸。

③ 指定软管偏移。默认"偏移量"是指软管中心线相对于当前平面标高的距离。在"偏移量"下拉列表中可以选择项目中已经用到的软管偏移量，也可以直接输入自定义的偏移量数值，默认单位为 mm。

④ 指定软管起点和终点。在绘图区域中，单击指定软管的起点，沿着软管的路径在每个拐点处单击鼠标，最后在软管终点按 Esc 键，或者单击鼠标右键，在弹出的快捷菜单中选择"取消"命令。如果软管的终点是连接到某一管道或某一设备的管道连接件，可以直接单击所要连接的连接件，结束软管的绘制。

5.1.2.8　修改软管

在软管上拖拽两端连接件、顶点和切点，可以调整软管路径，如图 5-26 所示。

图 5-26

5.1.2.9　设备接管

设备的管道连接件可以连接管道和软管。连接管道和软管的方法类似，本节将以浴盆管道连接件连接管道为例，介绍设备接管的 3 种方法。

① 单击浴盆，用鼠标右键单击其冷水管道连接件，在弹出的快捷菜单中选择"绘制管道"命令。在连接件上绘制管道时，按空格键，可自动根据连接件的尺寸和高程调整绘制管道的尺寸和高程，如图 5-27 所示。

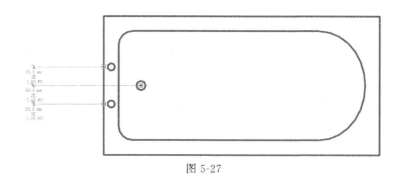

图 5-27

② 直接拖动已绘制的管道到相应的浴盆管道连接件上，管道将自动捕捉浴盆上的管道连接件，完成连接，如图 5-28 所示。

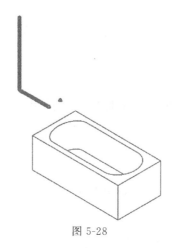

图 5-28

③ 单击"布局"选项卡，然后点击"连接到"为浴盆连接管道，可以便捷地完成设备连接，如图 5-29 所示。

图 5-29

将浴盆放置到视图中指定的位置，并绘制欲连接的冷水管。选中浴盆，并单击"布局"选项卡，然后点击"连接到"按钮，选择冷水连接件，单击已绘制的管道，至此，完成连管。

浴盆、洗脸盆等设备如何和管道连接？请扫码查看。

5.1.2.10　管道的隔热层

Revit 可以为管道添加相应的隔热层。进入绘制管道模式后，单击"修改 | 管道"选项卡，然后点击"管道隔热层"中"添加隔热层"按钮，输入隔热层的类型和所需的厚

度，将视觉样式设置为"线框"时，可清晰地看到隔热层，如图 5-30 所示。

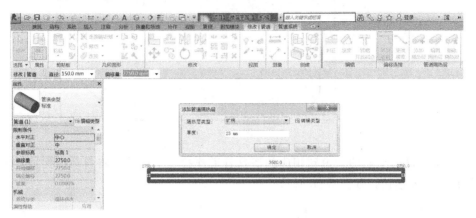

图 5-30

5.1.3 管道显示

在 Revit 中，可以通过一些方式来控制管道的显示，以满足不同的设计和出图的需要。

5.1.3.1 视图详细程度

Revit 有 3 种视图详细程度：粗略、中等和精细，如图 5-31 所示。

图 5-31

在粗略和中等详细程度下，管道默认为单线显示；在精细视图下，管道默认为双线显示。在创建管件和管路附件等相关族的时候，应注意配合管道显示特性，尽量使管件和管路附件在粗略和中等详细程度下单线显示，在精细视图下双线显示，确保管路看起来协调一致。

5.1.3.2 可见性/图形替换

单击"视图"选项卡，然后点击"图形"中"可见性/图形替换"按钮，或者通过 VG 或 W 快捷键打开当前视图的"可见性/图形替换"对话框。

(1) 模型类别

在"模型类别"选项卡中可以设置管道可见性，既可以根据整个管道族类别来控制，也可以根据管道族的子类别来控制。可通过勾选来控制它的可见性。如图 5-32 所示，该设置表示管道族中的管道隔热层子类别不可见。

"模型类别"选项卡中的"详细程度"选项还可以控制管道族在当前视图显示的详细程度。默认情况下为"按视图"，遵守"粗略和中等管道单线显示，精细管道双线显示"的原则。也可以设置为"粗略""中等"或"精细"，这时管道的显示将不依据当前视图详

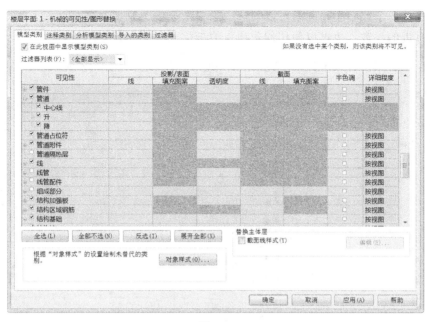

图 5-32

细程度的变化而变化，而始终依据所选择的详细程度。

（2）过滤器

在 Revit 的视图中，如需要对当前视图上的管道、管件和管路附件等依据某些原则进行隐藏或区别显示，可以通过"过滤器"功能来完成，如图 5-33 所示。这一方法在分系统显示管路上用得很多。

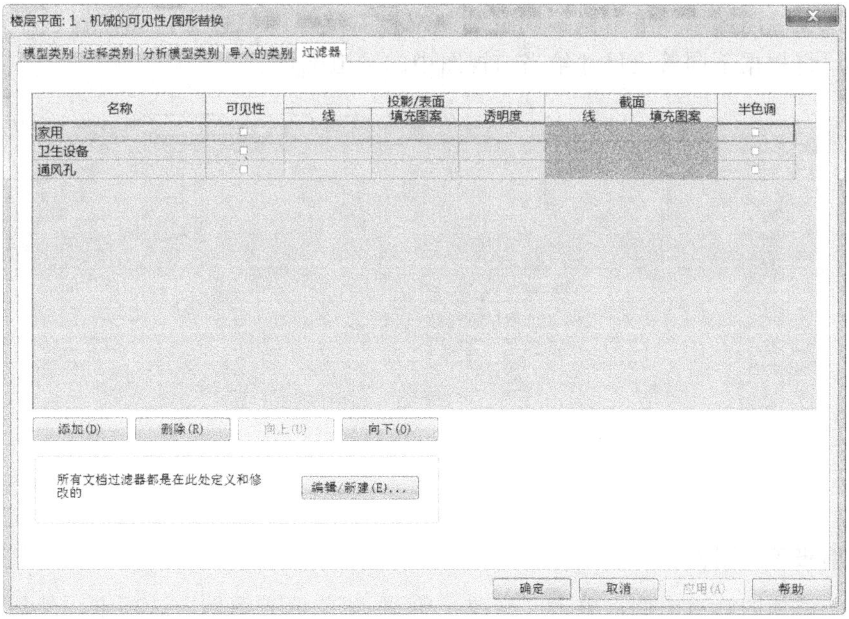

图 5-33

单击"编辑/新建"按钮，打开"过滤器"对话框，如图 5-34 所示，"过滤器"的族类别可以选择一个或多个，同时可以勾选"隐藏未选中类别"复选框，"过滤条件"可以使用系统自带的参数，也可以使用创建项目的参数或者共享参数。

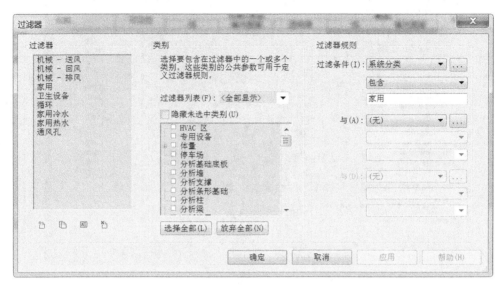

图 5-34

5.1.3.3　管道图例

在平面视图中，可以根据管道的某一参数对管道进行着色，帮助用户分析系统。

（1）创建管道图例

单击"分析"选项卡，然后点击"颜色填充"中"管道图例"按钮，如图 5-35 所示，将图例拖拽至绘图区域，单击鼠标确定绘制位置后选择颜色方案，如"管道颜色填充-尺寸"，Revit 将根据不同管道尺寸给当前视图中的管道配色。

图 5-35

（2）编辑管道图例

选中已添加的管道图例，单击"修改 | 管道 颜色填充图例"选项卡，然后点击"方案"中"编辑方案"按钮，打开"编辑颜色方案"对话框，如图 5-36 所示。在"颜色"下拉列表中选择相应的参数，这些参数都可以作为管道配色的依据。

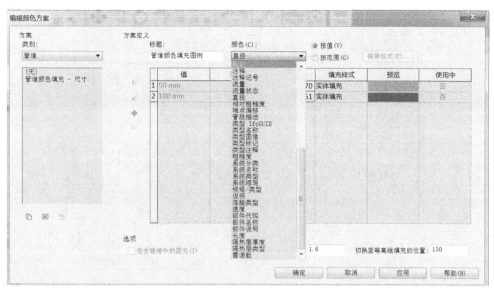

图 5-36

"编辑颜色方案"对话框右上角有"按值""按范围"和"编辑格式"选项，它们的意义分别如下。

· 按值：按照所选参数的数值来作为管道颜色方案条目。

· 按范围：对于所选参数设定一定的范围来作为颜色方案条目。

· 编辑格式：可以定义范围数值的单位。

图 5-37 所示为添加好的管道图例，可根据图例颜色判断管道系统设计是否符合要求。

除了上述控制管道的显示方法，这里介绍一下隐藏线的运用。打开"机械设置"对话框，如图 5-38 所示，左侧"隐藏线"是用于设置图元之间交叉、发生遮挡关系时的显示。

展开"隐藏线"选项，其右侧面板中各参数的意义如下。

① 绘制 MEP 隐藏线：绘制 MEP 隐藏线是指将按照"隐藏线"选项所指定的线样式和间隙来绘制管道。

② 内部间隙、外部间隙、单线：这 3 个选项用来控制在非"细线"模式下隐藏线的间隙，允许输入数值的范围为 0.0～19.1mm。"内部间隙"指定在交叉段内部出现的线的间隙。"外部间隙"指定在交叉段外部出现的线的间隙。"内部间隙"和"外部间隙"控制双线管道/风管的显示。在管道/风管显示为单线的情况下，没有"内部间隙"这个概念，因此"单线"用来设置单线模式下的外部间隙。

50

100

150

200

图 5-37

5.1.3.4　注释比例

在管件、管路附件、风管管件、风管附件、电缆桥架配件和线管配件这几类族的类型属性中都有"使用注释比例"这个设置，这一设置用来控制上述几类族在平面视图中的单线显示，如图 5-39 所示。

除此之外，在"机械设置"对话框中也能对项目中的使用注释比例进行设置，如图5-40 所示。默认状态为勾选。如果取消勾选，则后续绘制的相关族将不再使用注释比例，

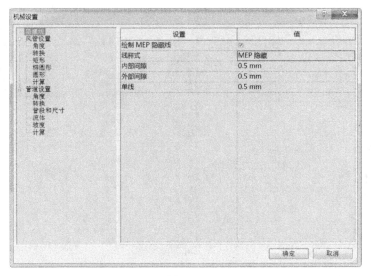

图 5-38

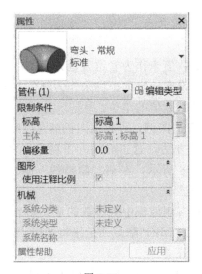

图 5-39

但之前已经出现的相关族不会被更改。

管道的单线、线框等显示模式如何设置？请扫码查看。

5.1.4　管道标注

　　管道的标注在设计过程中是不可或缺的。本节将介绍在 Revit 中如何进行管道的各种标注，包括尺寸标注、编号标注、标高标注和坡度标注 4 类。

　　管道尺寸和管道编号是通过注释符号族来标注的，在平、立、剖面中均可使用。而管

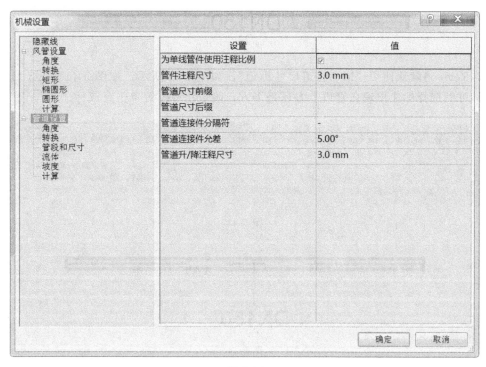

图 5-40

道标高和坡度则是通过尺寸标注系统族来标注的，在平、立、剖面视图和三维视图均可使用。

5.1.4.1　尺寸标注

（1）基本操作

Revit 中自带的管道注释符号族"M＿管道尺寸标记"可以用来进行管道尺寸标注，以下介绍两种方式。

① 管道绘制的同时进行标注。进入绘制管道模式后，单击"修改｜放置 管道"选项卡，然后点击"标记"中"在放置时进行标记"按钮，如图 5-41 所示，绘制出的管道将会自动完成管径标注，如图 5-42 所示。

图 5-41

② 管道绘制后再进行标注。单击"注释"选项卡，然后点击"标记"面板下拉列表中"载入的标记和符号"按钮，如图 5-43 所示，就能查看到当前项目文件中加载的所有的标记族。某个族类别下排在第一位的标记族为默认的标记族。当单击"按类别标记"按

图 5-42

钮后，Revit 将默认使用"M_管道尺寸标记"，如图 5-43 所示。如图 5-44 所示，上下移动鼠标可以选择标注出现在管道上方还是下方，确定注释位置单击完成标注。

图 5-43

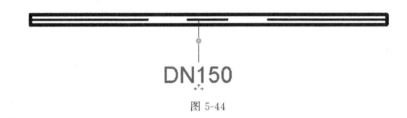

DN150

图 5-44

（2）标记修改

在 Revit 中，为用户提供了以下功能方便修改标记，如图 5-45 所示。

① "水平""垂直"可以控制标记放置的方式。

② 可以通过勾选"引线"复选框确认引线是否可见。

③ 勾选"引线"复选框即引线，可选择引线为"附着端点"或是"自由端点"。"附着端点"表示引线的一个端点固定在被标记图元上，"自由端点"表示引线两个端点都不固定，可进行调整。

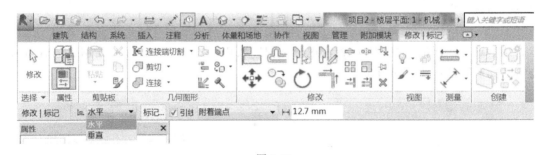

图 5-45

5.1.4.2　标高标注

单击"注释"选项卡，然后点击"尺寸标注"中"高程点"按钮来标注管道标高，如图 5-46 所示。

打开高程点族的"类型属性"对话框，在"类型"下拉列表中可以选择相应的高程点符号族，如图 5-47 所示。

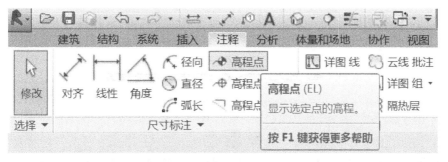

图 5-46

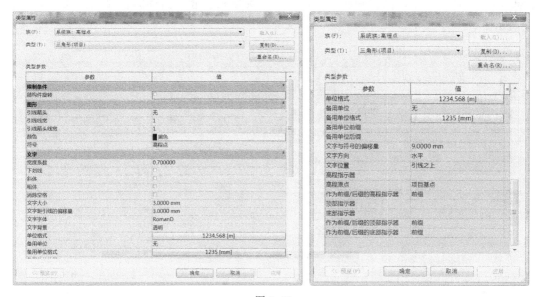

图 5-47

① 引线箭头：可根据需要选择各种引线端点样式。

② 符号：这里将出现所有高程点符号族，选择刚载入的新建族即可。

③ 文字距引线的偏移量：为默认情况下文字和"符号"左端点之间的距离，正值表明文字在"符号"左端点的左侧；负值则表明文字在"符号"左端点的右侧。

④ 文字位置：控制文字和引线的相对位置。

⑤ 高程指示器/顶部指示器/底部指示器：允许添加一些文字、字母等，用来提示出现的标高是顶部标高还是底部标高。

⑥ 作为前缀/后缀的高程指示器：确认添加的文集、字母等在标高中出现的形式是前缀还是后缀。

(1) 平面视图中管道标高

平面视图中的管道标高注释需在精细模式下进行（在单线模式下不能进行标高标注）。一根直径为 100mm、偏移量为 1500mm 的管道的平面视图上的标高标注如图 5-48 所示。

从图 5-48 中可以看出，标注管道两侧标高时，显示的是管中心标高 1.500m。标注管道中线标高时，默认显示的是管顶外侧标高 1.554m。单击管道属性查看可知，管道外径为 108mm，于是管顶外侧标高为（1.500＋0.108/2）＝1.554（m）。

有没有办法显示管底标高（管底外侧标高）呢？选中标高，调整"显示高程"即可。

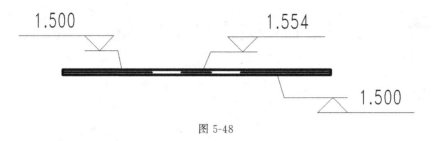

图 5-48

Revit 中提供了 4 种选择："实际（选定）高程""顶部高程""底部高程"及"顶部高程和底部高程"。选择"顶部高程和底部高程"后，管顶和管底标高同时被显示出来，如图 5-49 所示。

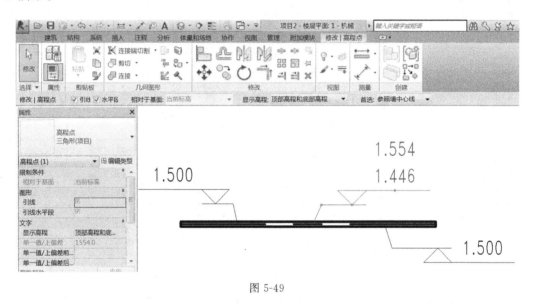

图 5-49

（2）立面视图中管道标高

和平面视图不同，立面视图中在管道单线即粗略、中等的视图情况下也可以进行标高标注，如图 5-50 所示，但此时仅能标注管道中心标高。而对于倾斜管道的管道标高，斜管上的标高值将随着鼠标指针在管道中心线上的移动而实时更新变化。如果在立面视图上标注管顶或者管底标高，则需要将鼠标指针移动到管道端部，才能标注管顶或管底标高，如图 5-50 所示。

在立面视图上也能对管道截面进行管道中心、管顶和管底标注，如图 5-51 所示。

当对管道截面进行管道标注时，为了方便捕捉，建议关闭"可见性/图形替换"对话框中管道的两个子类别"升""降"，如图 5-52 所示。

（3）剖面视图中管道标高

与立面视图中管道标高原则一致，这里不再赘述。

（4）三维视图中管道标高

在三维视图中，管道单线显示下，标注的为管道中心标高；双线显示下，标注的则为所捕捉的管道位置的实际标高。

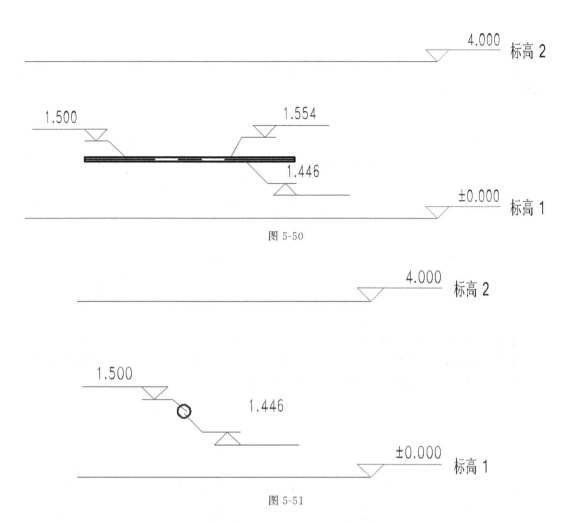

图 5-50

图 5-51

图 5-52

5.1.4.3　坡度标注

在 Revit 中，单击"注释"选项卡，然后点击"尺寸标注"中"高程点 坡度"按钮来标注管道坡度，如图 5-53 所示。

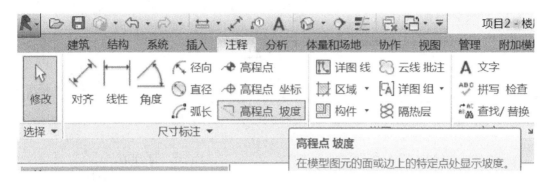

图 5-53

进入"系统族：高程点坡度"可以看到控制坡度标注的一系列参数。高程点坡度标注与之前介绍的高程标注非常类似，此处就不再一一赘述。可能需要修改的是"单位格式"，设置成管道标注时习惯的百分比格式，如图 5-54 所示。

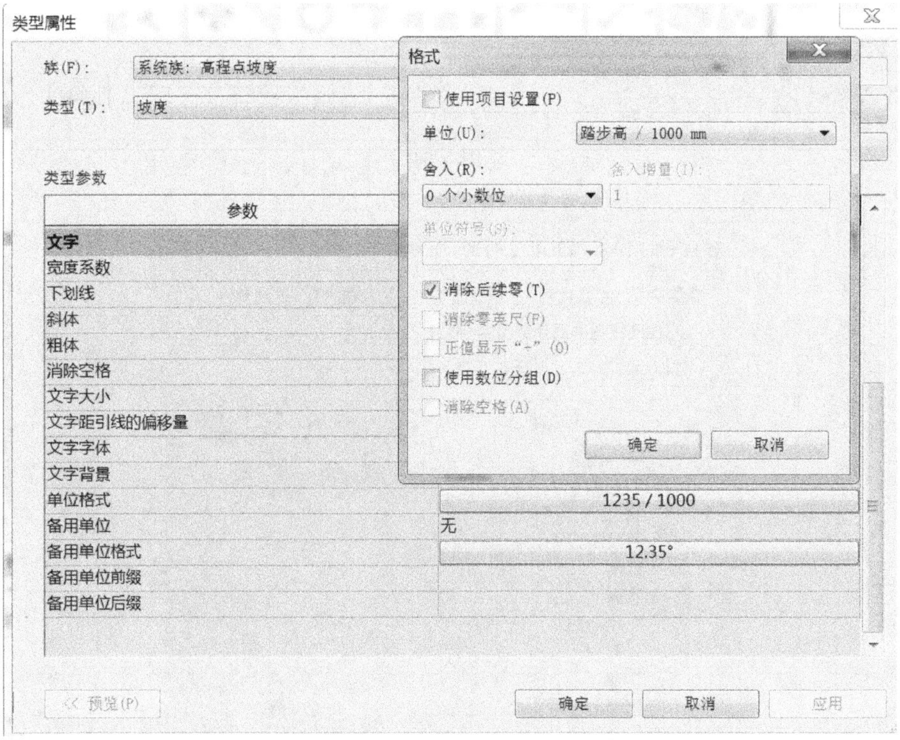

图 5-54

选中任一坡度标注，会出现"修改｜高程点 坡度"选项栏。

图 5-55 为实际工程案例展示。

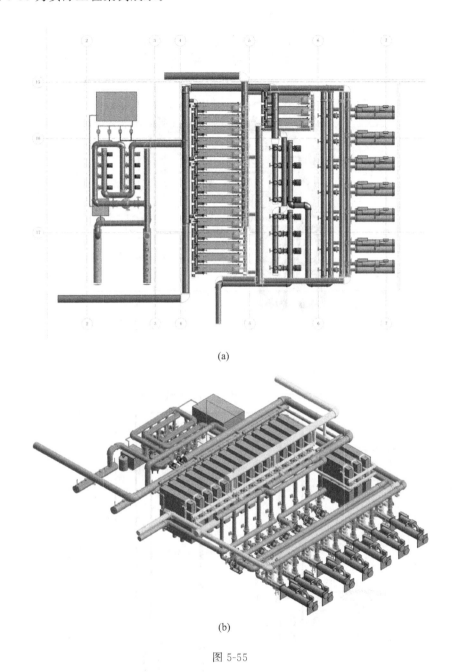

(a)

(b)

图 5-55

 　　　　如何对管道的直径、长度、高度等进行标注？请扫码查看。

习题：根据图示用 Revit 软件绘制卫生间给排水图，未标明尺寸自定。

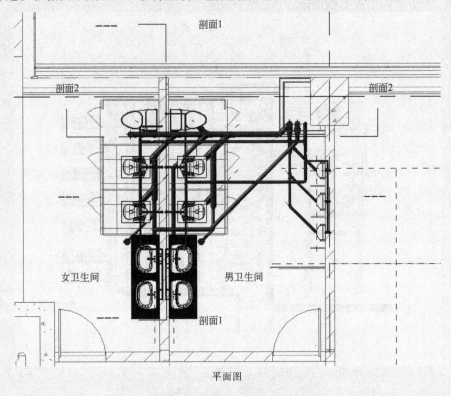

平面图

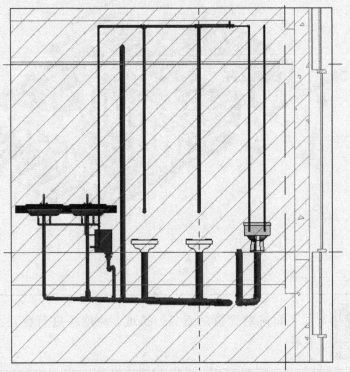

1—1 剖面图

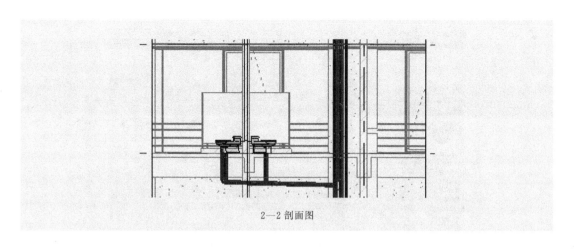

2—2 剖面图

5.2　暖通空调系统设计

Revit 具有强大的管路系统三维建模功能，可以直观地反映系统布局，实现所见即所得的效果。如果在设计初期，根据设计要求对风管、管道等进行设置，可以提高设计准确性和效率。本节将介绍 Revit 的风管功能及其基本设置，使读者了解暖通系统的概念和基础知识，学会在 Revit 中建模的方法。

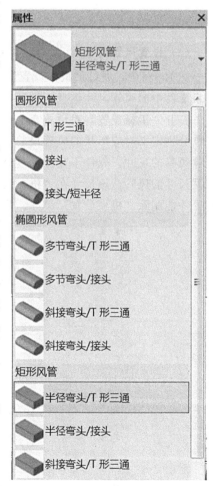

5.2.1　风管参数设置

在绘制风管系统前，先设置风管设计参数：风管类型、设置风管尺寸、其他设置。

(1) 风管类型

单击功能区中的"系统"选项卡，然后点击"风管"按钮，通过绘图区域左侧的"属性"对话框选择和编辑风管类型，如图 5-56 所示。Revit 提供的"Mechanical-Default ＿ CHSCHS. rte"和"Systems-Default ＿ CHSCHS. rte"项目样板文件中都默认配置了矩形风管、圆形风管及椭圆形风管，默认的风管类型与风管连接方式有关。

单击"编辑类型"按钮，打开"类型属性"对话框，可对风管类型进行设置，如图 5-57 所示。

单击"复制"按钮，可以在已有风管类型基础模板上添加新的风管类型。

通过在"管件"列表中配置各类型风管管件族，可以指定绘制风管时自动添加到风管管路中的管件。

通过编辑"标识数据"中的参数为风管添加标识。

图 5-56

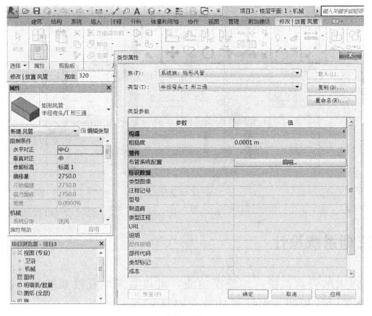

图 5-57

(2) 设置风管尺寸

在 Revit 中，通过"机械设置"对话框编辑当前
项目文件中的风管尺寸信息。打开"机械设置"对话框。

打开"机械设置"对话框后，单击"矩形"，然后点击"椭圆形"或"圆形"按钮，
可以分别定义对应形状的风管尺寸。单击"新建尺寸"或者"删除尺寸"按钮可以添加或
删除风管的尺寸。软件不允许重复添加列表中已有的风管尺寸。如果在绘图区域已经绘制
了某尺寸的风管，该尺寸在"机械设置"尺寸列表中将不能删除，需要先删除项目中的风
管，才能删除"机械设置"尺寸。列表中的尺寸如图 5-58 所示。

图 5-58

（3）其他设置

在"机械设置"对话框的"风管设置"选项中，可以为风管进行尺寸标注及对风管内流体参数等进行设置，如图 5-59 所示。

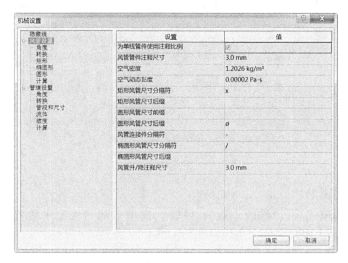

图 5-59

其中几个较为常用的参数意义如下。

① 为单线管件使用注释比例：如果勾选该复选框，在屏幕视图中，风管管件和风管附件在粗略显示程度下，将会以"风管管件注释尺寸"参数所指定的尺寸显示。默认情况下，这个设置是勾选的。取消勾选后，绘制的风管管件和风管附件族将不再使用注释比例显示，但之前已经布置到项目中的风管管件和风管附件族不会更改，仍然使用注释比例显示。

② 风管管件注释尺寸：指定在单线视图中绘制的风管管件和风管附件的出图尺寸。无论图纸比例为多少，该尺寸始终保持不变。

③ 矩形风管尺寸后缀：指定附加到根据"实例属性"参数显示的矩形风管尺寸后面的符号。

④ 圆形风管尺寸后缀：指定附加到根据"实例属性"参数显示的圆形风管尺寸后面的符号。

⑤ 风管连接件分隔符：指定在使用两个不同尺寸的连接件时用来分隔信息的符号。

⑥ 椭圆形风管尺寸分隔符：显示椭圆形风管尺寸标注的分隔符号。

⑦ 椭圆形风管尺寸后缀：指定附加到根据"实例属性"参数显示的椭圆形风管尺寸后面的符号。

风管的宽高等参数如何设置？请扫码查看。

5.2.2　风管绘制方法

本节以绘制矩形风管为例介绍绘制风管的方法。

5.2.2.1 基本操作

在平、立、剖面视图和三维视图中绘制风管。风管绘制模式有以下方式。

(1) 单击功能区中的"系统"选项卡，然后点击"风管"按钮，如图 5-60 所示。

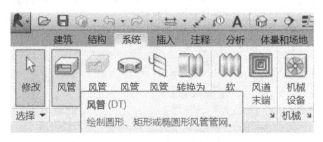

图 5-60

(2) 使用快捷键 DT。

进入风管绘制模式后，"修改 | 放置 风管"选项卡和"修改 | 放置 风管"选项栏被同时激活，如图 5-61 所示。

图 5-61

按照以下步骤绘制风管。

① 选择风管类型。在风管"属性"对话框中选择需要绘制的风管类型。

② 选择风管尺寸。在风管"修改 | 放置 风管"选项栏的"宽度"或"高度"下拉列表中选择风管尺寸。如果在下拉列表中没有需要的尺寸，可以直接在"宽度"和"高度"中输入需要绘制的尺寸。

③ 指定风管偏移量。默认"偏移量"是指风管中心线相对于当前平面标高的距离。在"偏移量"下拉列表中可以选择项目中已经用到的风管偏移量，也可以直接输入自定义的偏移量数值，默认单位为 mm。

④ 指定风管起点和终点。将鼠标指针移至绘图区域，单击鼠标指定风管起点，移动至终点位置再次单击，完成一段风管的绘制。可以继续移动鼠标绘制下一管段，风管将根据管路布局自动添加在"类型属性"对话框中预先设置好的风管管件。绘制完成后，按 Esc 键，或者单击鼠标右键，在弹出的快捷菜单中选择"取消"命令，退出风管绘制命令。

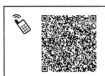

如何绘制风管？有哪些绘制技巧？请扫码查看。

5.2.2.2　风管对正

(1) 绘制风管

在平面视图和三维视图中绘制风管时，可以通过"修改 | 放置 风管"选项卡中的"对正"工具指定风管的对齐方式。单击"对正"按钮，打开"对正设置"对话框，如图 5-62 所示。

图 5-62

"对正设置"对话框中各参数含义如下。

① 水平对正：当前视图下，以风管的"中心""左"或"右"侧边缘作为参照，将相邻两段风管边缘进行水平对齐。

② 水平偏移：用于指定风管绘制起始点位置与实际风管和墙体等参考图元之间的水平偏移距离。"水平偏移"的距离与"水平对正"设置和风管方向有关。

③ 垂直对正：当前视图下，以风管的"中""底"或"顶"作为参照，将相邻两段风管边缘进行垂直对齐。"垂直对正"的设置决定风管"偏移量"指定的距离。

(2) 编辑风管

风管绘制完成后，在任意视图中可以使用"对正"命令修改风管的对齐方式。选中需要修改的管段，单击功能区中的"对正"按钮，如图 5-63 所示，进入"对正编辑器"界面，选择需要的对齐方式和对齐方向，单击"完成"按钮。

风管的对正是怎样的？和水管有什么区别？请扫码查看。

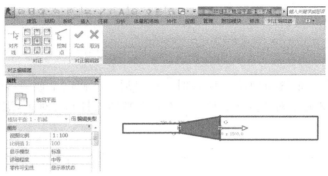

图 5-63

5.2.2.3　自动连接

激活"风管"命令后，"修改｜放置 风管"选项卡中的"自动连接"用于某一段风管管路开始或者结束时自动捕捉相交风管，并添加风管管件完成连接。默认情况下，这一选项是激活的。如绘制两段不在同一高程的正交风管，将自动添加风管管件完成连接，如图5-64 所示。

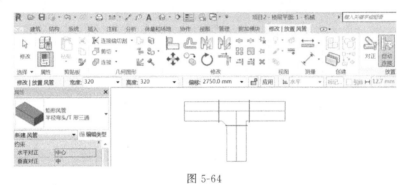

图 5-64

如果取消激活"自动连接"命令，绘制两段不在同一高程的正交风管，则不会生成配件完成自动连接，如图 5-65 所示。

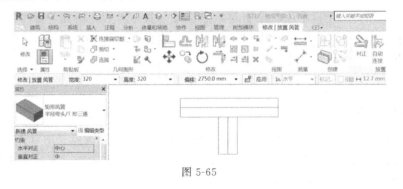

图 5-65

风管的管道如何自动连接？请扫码查看。

5.2.2.4　风管管件的使用

风管管路中包含大量连接风管的管件。下面将介绍绘制风管时管件的使用方法和主要事项。

(1) 放置风管管件

①自动添加。绘制某一类型风管时，通过风管"类型属性"对话框中"管件"指定的风管管件，可以根据风管自动布局加载到风管管路中。目前一些类型的管件可以在"类型属性"对话框中指定弯头、T 形三通、接头、四通、过渡件（变径）、多形状过渡件矩形到圆形（天圆地方）、多形状过渡件椭圆形到圆形（天圆地方）、活接头。用户可根据需要选择相应的风管管件族。

②手动添加。在"类型属性"对话框中的"管件"列表中无法指定的管件类型，如偏移、Y 形三通、斜 T 形三通、斜四通、多个端口（对应非规则管件），使用时需要手动插入到风管中或者将管件放置到所需位置后手动绘制风管。

(2) 编辑管件

在绘图区域中单击某一管件，管件周围会显示一组管件控制柄，可用于修改管件尺寸、调整管件方向和进行管件升级或降级，如图 5-66 所示。

图 5-66

图 5-67

(3) 风管附件放置

单击"系统"选项卡，然后点击"风管附件"按钮，在"属性"对话框中选择需要插入的风管附件到风管中，如图 5-67 所示。

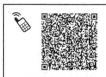

风管的弯头等管件如何设置？请扫码查看。

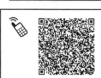

如何给风管安装防火阀、排烟阀等附件？请扫码查看。

5.2.2.5 绘制软风管

单击"系统"选项卡，然后点击"软风管"按钮，如图 5-68 所示。

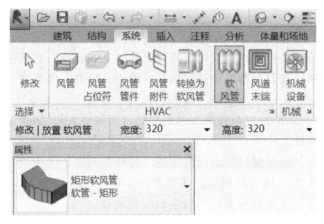

图 5-68

（1）选择软风管类型

在软风管"属性"对话框中选择需要绘制的风管类型。目前，Revit 提供了一种矩形软管和一种圆形软管，如图 5-69 所示。

（2）选择软风管尺寸

矩形风管在"修改｜放置 软风管"选择卡的"宽度"或"高度"下拉列表中选择在"机械设置"中设定的风管尺寸。圆形风管可在"修改｜放置 软风管"选择卡的"直径"下拉列表中选择直径大小。如果在下拉列表中没有需要的尺寸，可以直接在"高度""宽度""直径"中输入需要绘制的尺寸。

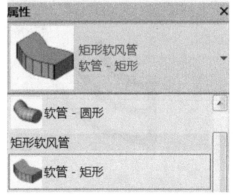

图 5-69

（3）指定软风管偏移量

"偏移量"是指软风管中心线相对于当前平面标高的距离。在"偏移量"下拉列表中，可以选择项目中已经用到的软风管或风管偏移量，也可以直接输入自定义的偏移量数值，默认单位为 mm。

（4）指定软风管起点和终点

在绘图区域，单击指定软风管的起点，沿着软风管的路径在每个拐点单击鼠标，最后在软风管终点按 Esc 键，或者单击鼠标右键在弹出的快捷菜单中选择"取消"命令。

（5）修改软风管

在软风管上拖拽两端连接件、顶点和切点，可以调整软风管路径，如图 5-70 所示。

连接件：出现在软风管的两端，允许重新定位软风管的端点。通过连接件可以将软风管与另一构件的风管连接件连接起来，或断开与该风管连接件的连接。

图 5-70

顶点：沿软风管的走向分布，允许修改软风管的拐点。在软风管上单击鼠标右键，在弹出的快捷菜单中可以"插入顶点"或"删除顶点"。使用顶点可在平面视图中以水平方向修改软风管的形状，在剖面视图或立面视图中以垂直方向修改软风管的形状。

切点：出现在软风管的起点和终点，允许调整软风管的首个和末个拐点处的连接方向。

（6）软风管样式

软风管"属性"对话框中的"软风管样式"共提供了 8 种软风管样式，通过选取不同的样式可以改变软风管在平面视图中的显示。

5.2.2.6　设备连接管

设备的风管连接件可以连接风管和软风管。连接风管和连接软风管的方法类似。下面以连接风管为例，介绍设备连接管的 3 种方法。

① 单击所选设备，点击圈中控制按钮进行绘制，如图 5-71 所示。

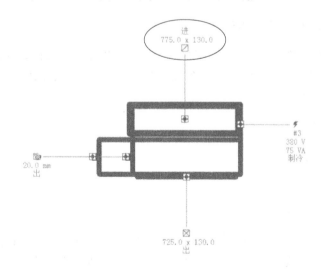

图 5-71

② 直接拖动已绘制的风管到相应设备的风管连接件，风管将自动捕捉设备上的风管

连接件来完成连接，如图 5-72 所示。

③ 使用"连接到"功能为设备连接风管。单击需要连接的设备，单击"修改｜机械设备"选项卡，然后点击"连接到"按钮，如果设备包含一个以上的连接件，将打开"选择连接件"对话框，选择需要连接风管的连接件，单击"确定"按钮，然后单击该连接件所有连接到的风管，完成设备与风管的自动连接，如图 5-73 所示。

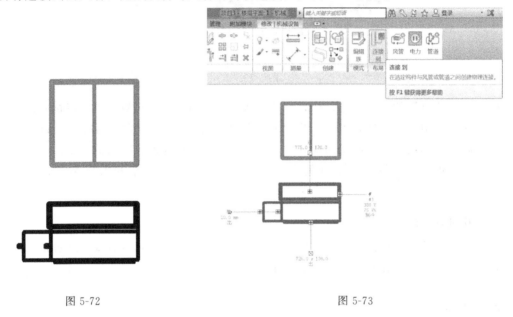

图 5-72　　　　　　　　　　　　　　　　图 5-73

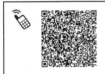

风机盘管等设备如何和风管连接？请扫码查看。

5.2.2.7　添加风管的隔热层和衬层

Revit 可以为风管管路添加隔热层和衬层。分别编辑风管和风管管件的属性，输入所需要的"隔热层类型"和衬层"厚度"，如图 5-74 所示。当视觉样式设置为"线框"时，可以清晰地看到隔热层和衬层。

5.2.3　风管显示设置

(1) 视图详细程度

参见 5.1.3 节。

(2) 可见性/图形替换

单击功能区中的"视图"选项卡，然后点击"可见性/图形替换"按钮，或者通过快捷键 VG 或 W 打开当前视图的"可见性/图形替换"对话框。在"模型类别"选项卡中可以设置风管的可见性。设置"风管"族类别可以整体控制风管的可见性，还可以分别设置风管族的子类别，如衬层、隔热层等分别控制不同子类别的可见性。如图 5-75 所示的设置表示风管族中所有子类别都可见。

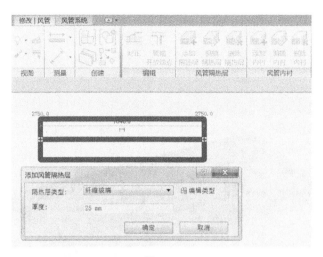

图 5-74

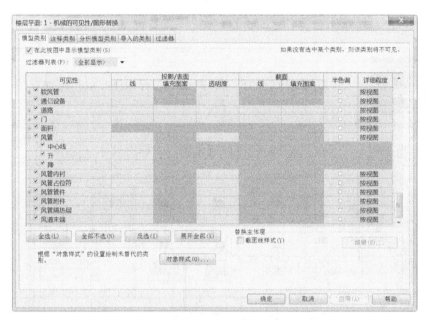

图 5-75

（3）隐藏线

参见 5.1.3 节。

风管的单线、线框等显示模式如何设置？请扫码查看。

5.2.4　风管标注

风管标注和水管标注的方法基本相同，详见 5.1.4 节"管道标注"中的介绍。
图 5-76 为实际案例展示。

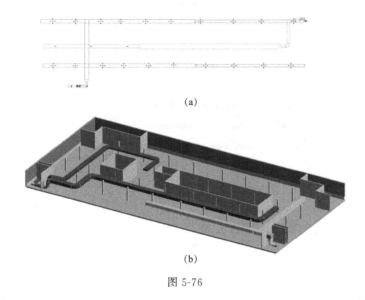

(a)

(b)

图 5-76

如何对风管的尺寸、高度等进行标注？请扫码查看。

习题：根据图示用 Revit 软件绘制空调通风图，未标明尺寸自定。

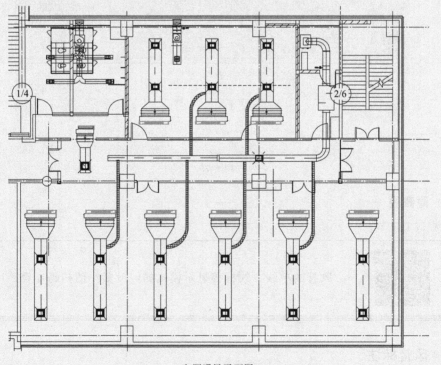

空调通风平面图

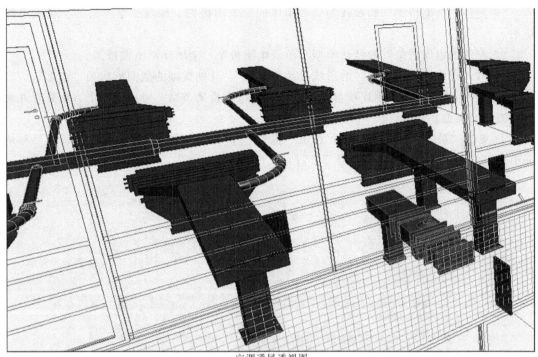

空调通风透视图

5.3　电气系统设计

电缆桥架和线管的敷设是电气布线的重要部分。Revit 具有电缆桥架和线管功能，进一步强化了管路系统三维建模，完善了电气设计功能，并且有利于全面进行机电各专业和建筑、结构专业间的碰撞检查。本节将具体介绍 Revit 所提供的电缆桥架和线管功能。

5.3.1　电缆桥架

Revit 的电缆桥架功能可以绘制生动的电缆桥架模型。

5.3.1.1　电缆桥架的类型

Revit 提供了两种不同的电缆桥架形式："带配件的电缆桥架"和"无配件的电缆桥架"。"无配件的电缆桥架"适用于设计中不明显区分配件的情况。"带配件的电缆桥架"和"无配件的电缆桥架"是作为两种不同的系统族来实现的，并在这两个系统族下面添加不同的类型。Revit 提供的 "Electrical-Default _ CHSCHS. rte" 和 "Systems-Default _ CHSCH. rte" 项目样板文件中配置了默认类型分别给"带配件的电缆桥架"和"无配件的电缆桥架"，如图 5-77 所示。

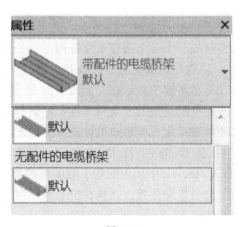

图 5-77

"带配件的电缆桥架"的默认类型有实体底部电缆桥架、梯级式电缆桥架、槽式电缆桥架。

"无配件的电缆桥架"的默认类型有单轨电缆桥架、金属丝网电缆桥架。

其中,"梯级式电缆桥架"的形状为"阶梯形",其他类型的截面形状为"槽形"。

和风管、管道一样,创建项目之前要设置好电缆桥架类型。可以用以下方法查看并编辑电缆桥架类型。

① 单击"系统"选项卡,然后点击"电气"中"电缆桥架"按钮,在"属性"对话框中单击"编辑类型"按钮,如图 5-78 所示。

图 5-78

② 单击"系统"选项卡,然后点击"电气"中"电缆桥架"按钮,在"修改｜放置电缆桥架"上下文选项卡(见图 5-79)的"属性"面板中单击"类型属性"按钮。

③ 在项目浏览器中,展开"族"→"电缆桥架"选项,双击要编辑的类型就可以打开"类型属性"对话框,如图 5-80 所示。

在电缆桥架的"类型属性"对话框中,"管件"列表下需要定义管件配置参数。通过这些参数指定电缆桥架配件族,可以配置在管路绘制过程中自动生成的管件(或称配件)。软件自带的项目样板 Systems-Default _ CHSCHS. rte 和 Electrical-Default _ CHSCHS. rte 中预先配置了电缆桥架类型,并分别指定了各种类型下"管件"默认使用的电缆桥架配件族。这样在绘制桥架时,所指定的桥架配件就可以自动放置到绘图区与桥架相连接。

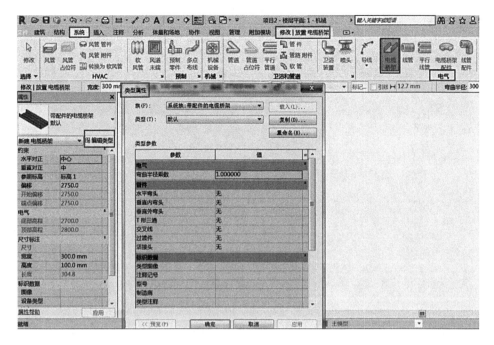

图 5-79

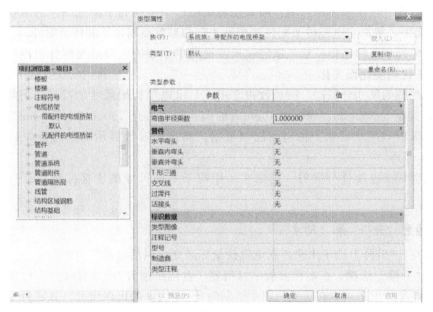

图 5-80

5.3.1.2　电缆桥架的设置

在布置电缆桥架前，先按照设计要求对桥架进行设置。

在"电气设置"对话框中定义"电缆桥架设置"。单击"管理"选项卡，然后点击"设置"中"MEP 设置"下拉列表中"电气设置"按钮（也可单击"系统"选项卡，然后点击"电气"中"电气设置"按钮），在"电气设置"对话框左侧展开"电缆桥架设置"，如图 5-81 所示。

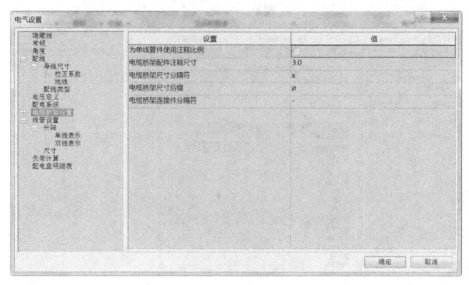

图 5-81

(1) 定义设置参数

① 为单线管件使用注释比例：用来控制电缆桥架配件在平面视图中的单线显示。如果勾选该选项，将以"电缆桥架配件注释尺寸"的参数绘制桥架和桥架附件。

② 电缆桥架配件注释尺寸：指定在单线视图中绘制的电缆桥架配件出图尺寸。该尺寸不以图纸比例变化而变化。

③ 电缆桥架尺寸分隔符：该参数指定用于显示电缆桥架尺寸的符号。例如，如果使用"×"，则宽为 300mm、深度为 100mm 的风管将显示为"300mm×100mm"。

④ 电缆桥架尺寸后缀：指定附加到根据"属性"参数显示的电缆桥架尺寸后面的符号。

⑤ 电缆桥架连接件分隔符：指定在使用两个不同尺寸的连接件时用来分隔信息的符号。

(2) 设置"升降"和"尺寸"

① 升降。"升降"选项用来控制电缆桥架标高变化时的显示。

选择"升降"选项，在右侧面板中可指定"电缆桥架升/降注释尺寸"的值，如图 5-82 所示。该参数用于指定在单线视图中绘制的升/降注释的出图尺寸。该注释尺寸不以图纸比例变化而变化，默认设置为 3.00mm。

在左侧面板中，展开"升降"，选择"单线表示"选项，可以在右侧面板中定义在单线图纸中显示的升符号、降符号，单击相应"值"列并单击"确定"按钮，在弹出的"选择符号"对话框中选择相应符号，如图 5-83 所示。使用同样的方法设置"双线表示"，定义在双线图纸中显示的升符号、降符号，如图 5-84 所示。

② 尺寸。选择"尺寸"选项，右侧面板会显示可在项目中使用的电缆桥架尺寸列表，在表中可以编辑当前项目文件中的电缆桥架尺寸，如图 5-85 所示。在尺寸列表中，在某个特定尺寸右侧勾选"用于尺寸列表"，表示在整个 Revit 的电缆桥架尺寸列表中显示所

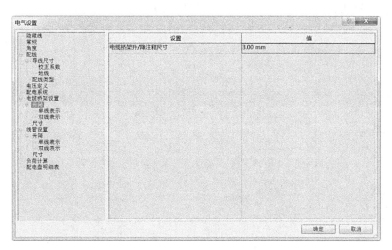

图 5-82

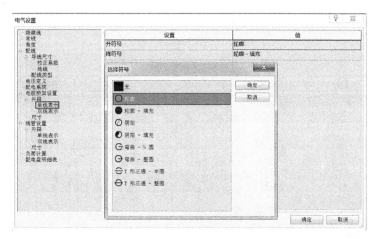

图 5-83

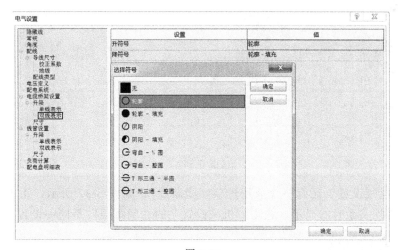

图 5-84

选尺寸；如果不勾选，该尺寸将不会出现在下拉列表中，如图 5-86 所示。

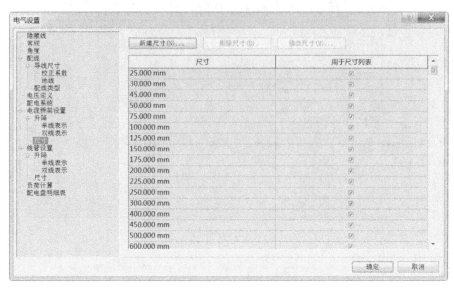

图 5-85

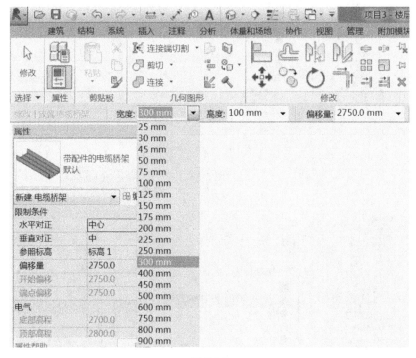

图 5-86

此外，"电气设置"还有一个公用选项"隐藏线"，如图 5-87 所示，用于设置图元间交叉、发生遮挡关系时的显示。它与"机械设置"的"隐藏线"是同一设置。

5.3.1.3 绘制电缆桥架

在平面图、立面图、剖面图和三维视图中均可绘制水平、垂直和倾斜的电缆桥架。

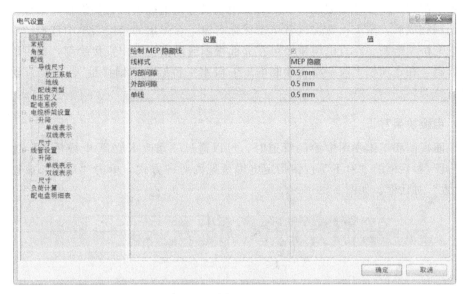

图 5-87

（1）基本操作

进入电缆桥架绘制模式的方式有以下几种。

① 单击"系统"选项卡，然后点击"电气"中"电缆桥架"按钮，如图 5-88 所示。

图 5-88

② 选中绘图区已布置构件族的电缆桥架连接件，单击鼠标右键，在弹出的快捷菜单中选择"绘制电缆桥架"命令。

③ 使用快捷键 CT。

绘制电缆桥架的步骤如下。

① 选中电缆桥架类型。在电缆桥架"属性"对话框中选中所需要绘制的电缆桥架类型。

② 选中电缆桥架尺寸。在"修改｜放置 电缆桥架"选项栏的"宽度"下拉列表中选择电缆桥架尺寸，也可以直接输入欲绘制的尺寸。如果在下拉列表中没有该尺寸，系统将自动选中和输入最接近的尺寸。使用同样的方法设置"高度"。

③ 指定电缆桥架偏移量。默认"偏移量"是指电缆桥架中心线相对于当前平面标高的距离。在"偏移量"下拉列表中，可以选择项目中已经用到的偏移量，也可以直接输入自定义的偏移量数值，默认单位为 mm。

④ 指定电缆桥架起点和终点。在绘图区域中单击即可指定电缆桥架起点，移动至终点位置再次单击，完成一段电缆桥架的绘制。可继续移动鼠标绘制下一段。在绘制过程

中，根据绘制路线，在"类型属性"对话框中预设好的电缆桥架管件将自动添加到电缆桥架中。绘制完成后，按 Esc 键，或者单击鼠标右键，在弹出的快捷菜单中选择"取消"命令退出电缆桥架绘制。垂直电缆桥架可在立面视图或剖面视图中直接绘制，也可以在平面视图中绘制，在选项栏上改变将要绘制的下一段水平桥架的"偏移量"，就能自动连接出一段垂直桥架。

（2）电缆桥架对正

在平面视图和三维视图中绘制管道时，可以通过"修改 | 放置 电缆桥架"选项卡中"放置工具"对话框的"对正"按钮指定电缆桥架的对齐方式。单击"对正"按钮，弹出"对正设置"对话框，如图 5-89 所示。

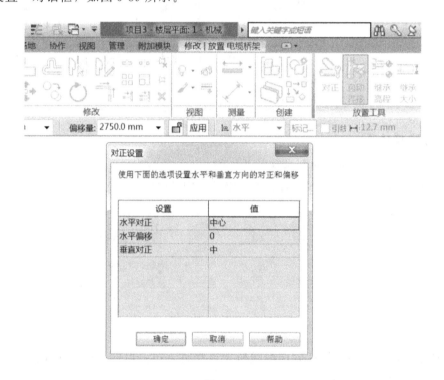

图 5-89

① 水平对正：用来指定当前视图下相邻两段管道之间水平对齐方式。"水平对正"方式有"中心""左"和"右"。

② 水平偏移：用于指定绘制起始点位置与实际绘制位置之间的偏移距离。该功能多用于指定电缆桥架和前面提及的其他参考图元之间的水平偏移距离。比如，设置"水平偏移"值为 500mm 后，捕捉墙体中心线绘制宽度为 100mm 的直段，这样实际绘制位置是按照"水平偏移"值偏移墙体中心线的位置。

③ 垂直对正：用来指定当前视图下相邻段之间垂直对齐方式。"垂直对正"方式有"中""底""顶"。

另外，电缆桥架绘制完成后，可以使用"对正"命令修改对齐方式。选中需要修改的电缆桥架，单击功能区中的"对正"按钮，进入"对正编辑器"，选中需要的对齐方式和对齐方向，单击"完成"按钮，如图 5-90 所示。

图 5-90

(3) 自动连接

在"修改 | 放置 电缆桥架"选项卡中有"自动连接"选项，如图 5-91 所示。默认情况下，该选项处于选中状态。

图 5-91

选中与否将决定绘制电缆桥架时是否自动连接到相交电缆桥架上，并生成电缆桥架配件。当选中"自动连接"时，在两直段相交位置自动生成四通；如果不选中，则不生成电缆桥架配件。

(4) 电缆桥架配件放置和编辑

电缆桥架连接中要使用电缆桥架配件。下面将介绍绘制电缆桥架时配件族的使用。

① 放置配件。在平面图、立面图、剖面图和三维视图中都可以放置电缆桥架配件。放置电缆桥架配件有两种方法：自动添加和手动添加。

自动添加：在绘制电缆桥架过程中自动加载的配件需在"电缆桥架类型"中的"管件"参数中指定。

手动添加：是在"修改 | 放置 电缆桥架配件"模式下进行的。进入"修改 | 放置 电缆桥架配件"有以下 3 种方式：

单击"系统"选项卡，然后点击"电气"中"电缆桥架配件"按钮，如图 5-92 所示。

图 5-92

在项目浏览器中展开"族",然后点击"电缆桥架配件",将"电缆桥架配件"下的族直接拖到绘图区域。

使用快捷键 TF。

② 编辑电缆桥架配件。在绘图区域中单击某一桥架配件后,周围会显示一组控制柄,可用于修改尺寸、调整方向和进行升级或降级。

在配件的所有连接件都没有连接时,可单击尺寸标注改变宽度和高度,单击符号可以实现配件水平或垂直翻转 180°。

当配件连接了电缆桥架后,该符号不再出现。

如果配件的旁边出现减号,表示可以降级该配件。例如,带有未使用连接件的四通可以降级为 T 形三通;带有未使用连接件的 T 形三通可以降级为弯头。如果配件上有多个未使用的连接件,则不会显示加、减号。

(5) 带配件和无配件的电缆桥架

绘制的"带配件的电缆桥架"和"无配件的电缆桥架"在功能上是不同的。

绘制"带配件的电缆桥架"时,桥架直段和配件间有分隔线,分为各自的几段。

绘制"无配件的电缆桥架"时,转弯处和直段之间没有分隔,桥架交叉时自动被打断,桥架分支时也是直接相连而不插入任何配件。

5.3.1.4 电缆桥架显示

在视图中,电缆桥架模型根据不同的"详细程度"显示,可通过"视图控制栏"的"详细程度"按钮切换"粗略""中等""精细"3 种粗细程度。

精细:默认显示电缆桥架实际模型。

中等:默认显示电缆桥架最外面的方形轮廓(二维时为双线,三维时为长方体)。

粗略:默认显示电缆桥架的单线。

在创建电缆桥架配件相关族时,应注意配合电缆桥架显示特性,确保整个电缆桥架管路显示协调一致。

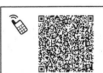

如何对电气相关参数进行设置?请扫码查看。

如何绘制电缆桥架?有什么技巧?请扫码查看。

5.3.2 线管

5.3.2.1 线管的类型

和电缆桥架一样,Revit 的线管也提供了两种线管管路形式:无配件的线管(图 5-

93）和带配件的线管。Revit 提供的"Systems-Default _ CHSCHS. rte"和"Electrical-Default _ CHSCHS. rte"项目样板文件中为这两种系统族分别默认配置了两种线管类型："刚性非金属线管（RNC Sch 40）"和"刚性非金属线管（RNC Sch 80）"，同时，用户可以自行添加定义线管类型。

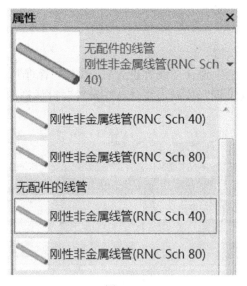

图 5-93

　　添加或编辑线管的类型，可以单击"系统"选项卡，然后点击"线管"按钮，在右侧出现的"属性"对话框中单击"编辑类型"按钮，弹出"类型属性"对话框，如图 5-94 所示。对"管件"中需要的各种配件的族进行载入。

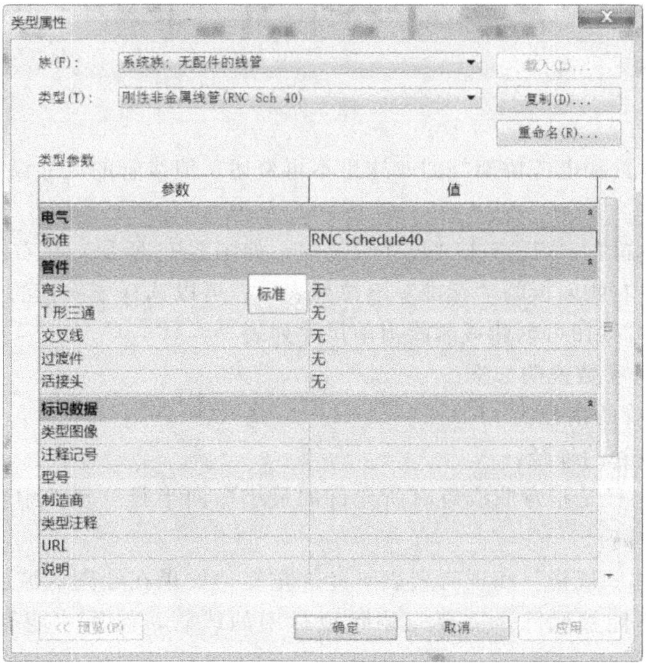

图 5-94

① 标准：通过选择标准决定线管所采用的尺寸列表。与"电气设置"中"线管设置"中"尺寸"中的"标准"参数相对应。

② 管件：管件配置参数用于指定与线管类型配套的管件。通过这些参数可以配置在线管绘制过程中自动生成的线管配件。

5.3.2.2　线管设置

根据项目对线管进行设置。

在"电气设置"对话框中定义"线管设置"。单击"管理"选项卡，然后点击"MEP设置"下拉列表中"电气设置"按钮，在"电气设置"对话框的左侧面板中展开"线管设置"，如图 5-95 所示。

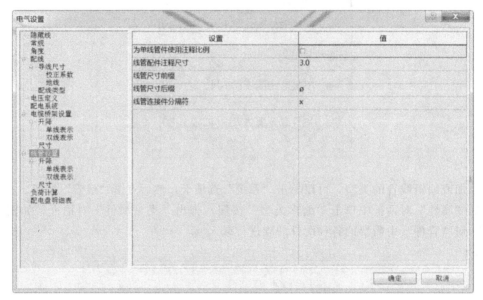

图 5-95

线管的基本设置和电缆桥架类似，这里不再赘述。但线管的尺寸设置略有不同，下面将着重介绍。

选择"线管设置"，然后点击"尺寸"选项，如图 5-96 所示，在右侧面板中就可以设置线管尺寸了。在右侧面板的"标准"下拉列表中，可以选择要编辑的标准；单击"新建尺寸""删除尺寸"按钮可创建或删除当前尺寸列表。

图 5-96 中部分参数说明如下。

① ID 表示线管的内径。

② OD 表示线管的外径。

③ 最小弯曲半径是指弯曲线管时所允许的最小弯曲半径（软件中弯曲半径指的是圆心到线管中心的距离）。

④ 新建的尺寸"规格"和现有列表不允许重复。如果在绘图区域已绘制了某尺寸的线管，该尺寸将不能被删除，需要先删除项目中的线管，然后才能删除尺寸列表中的尺寸。

目前 Revit 软件自带的项目模板"Systems-Dafault ＿ CHSCHS. rte"和"Electrical-

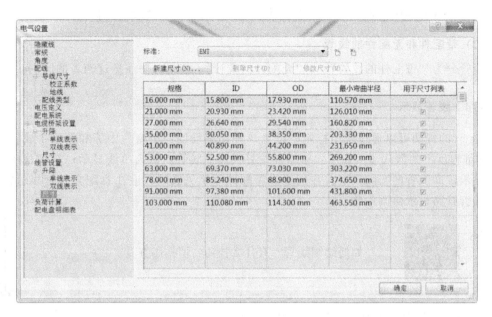

图 5-96

Default ＿ CHSCHS. rte" 中线管尺寸默认创建了 5 种标准：RNC Sch 40、RNC Sch 80、EMT、RMC、IMC。其中，RNC（Rigid Nonmetallic Conduit，非金属刚性线管）包括"规格 40"和"规格 80"两种尺寸。

在当前尺寸列表中，可以通过新建尺寸、删除尺寸、修改尺寸来编辑尺寸。

5.3.2.3　绘制线管

在平面图、立面图、剖面图和三维视图中均可绘制水平、垂直和倾斜的线管。

（1）基本操作

进入线管绘制模式的方式有以下几种。

① 单击"系统"选项卡，然后点击"电气"中"线管"按钮，如图 5-97 所示。

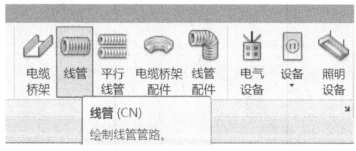

图 5-97

② 选择绘制区已布置构件族的电缆桥架连接件，单击鼠标右键，在弹出的快捷菜单中选择"绘制线管"命令。

③ 使用快捷键 CN。

绘制线管的具体步骤与电缆桥架、风管、管道均类似，此处不再赘述。

（2）带配件和无配件的线管

线管分为"带配件的线管"和"无配件的线管"，绘制时要注意这两者的区别。

5.3.2.4 线管显示

Revit 的视图可以通过视图控制栏设置 3 种详细程度：粗略、中等和精细。线管在这 3 种详细程度下的默认显示如下：粗略和中等视图下线管默认为单线显示；精细视图下为双线显示，即线管的实际模型。在创建线管配件等相关族时，应注意配合线管显示特性，确保线管管路显示协调一致。

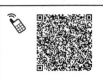

如何绘制线管？有什么技巧？请扫码查看。

习题：根据图示用 Revit 软件绘制电气图，未标明尺寸自定。

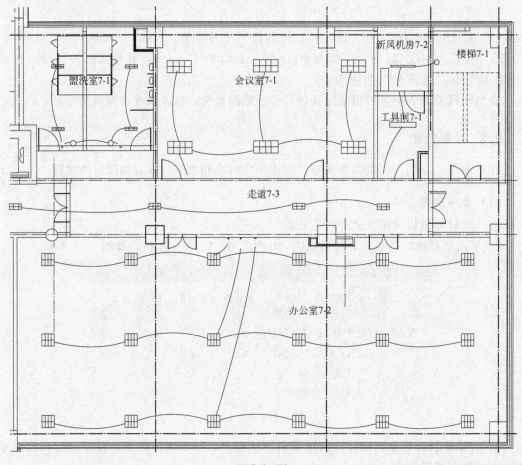

照明平面图

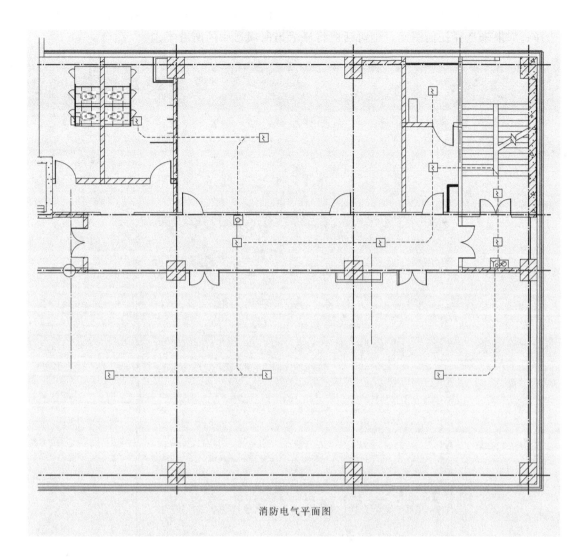

消防电气平面图

5.4　碰撞检查

水暖电模型搭建好以后，需要进行管线（机电）综合，找出并调整有碰撞的管线。Revit 的"碰撞检查"功能能快速准确地查找出项目中图元之间或主体项目和链接模型的图元之间的碰撞并加以解决，操作步骤如下。

（1）选择图元

如果要对项目中部分图元进行碰撞检查，应先选择所需检查的图元。如果要检查整个项目中的图元，可以不选择任何图元，直接点击"运行碰撞检查"。

（2）运行碰撞检查

选择所需进行碰撞检查的图元后，单击"协作"选项卡，然后点击"坐标"中"碰撞检查"下拉列表中"运行碰撞检查"按钮，弹出"碰撞检查"对话框，如图 5-98 和图 5-

99 所示。如果在视图中选择了几类图元，则该对话框将进行过滤，可根据图元类别进行选择；如果未选择任何图元，则对话框将显示当前项目中的所有类别。

图 5-98

图 5-99

（3）选择"类别来自"

在"碰撞检查"对话框中，分别从左侧的第一个"类别来自"和右侧的第二个"类别来自"下拉列表中选择一个值，这个值可以是"当前选择""当前项目"，也可以是链接的 Revit 模型，软件将检查类别 1 中图元和类别 2 中图元的碰撞，如图 5-100 所示。

在检查和"链接模型"之间的碰撞时应注意以下几点。

① 能检查"当前选择"和"链接模型"（包括其中的嵌套链接模型）之间的碰撞。

② 能检查"当前项目"和"链接模型"（包括其中的嵌套链接模型）之间的碰撞。

③ 不能检查项目中两个"链接模型"之间的碰撞。一个类别选了"链接模型"后，另一个类别无法再选择其他"链接模型"。

（4）选择图元类别

分别在类别 1 和类别 2 下勾选所需检查图元的类别。如图 5-101 所示，将检查当前项

图 5-100

目中"机械设备""管件""管道""管道附件"类别的图元和当前项目中"管道"类别的
图元之间的碰撞。

图 5-101

如图 5-102 所示，将检查当前项目中"管道"类别的图元和链接模型中"墙""楼板"

"柱"类别的图元之间的碰撞。

图 5-102

(5) 检查冲突报告

完成前面步骤后,单击"碰撞检查"对话框右下角的"确定"按钮。如果没有检查出碰撞,则会显示一个对话框,通知"未检测到冲突";如果检查出碰撞,则会显示"冲突报告"对话框,该对话框会列出两者之间相互发生冲突的所有图元,以及对应的图元 ID号,如图 5-103 所示。

图 5-103

在"冲突报告"对话框中可进行以下操作。

① 显示：要查看其中一个有冲突的图元，在"冲突报告"对话框中选中该图元的名称，单击下方的"显示"按钮，如图 5-104 所示，该图元将在当前视图中高亮显示，同时在"冲突报告"中显示冲突图元的 ID。要解决冲突，在视图中直接修改该图元即可。

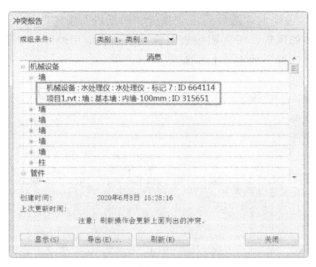

图 5-104

② 刷新：解决冲突后，在"冲突报告"对话框中单击"刷新"按钮，则会从冲突列表中删除发生冲突的图元。"刷新"仅重新检查当前报告中的冲突，它不会重新运行碰撞检查。

③ 导出：可以生成 HTML 版本的报告。在"冲突报告"对话框中单击"导出"按钮，在弹出的对话框中输入名称，定位到保存报告所需的文件夹，然后再单击"保存"按钮。

关闭"冲突报告"对话框后，要再次查看生成的上一个报告，可以单击"协作"选项卡，然后点击"坐标"中"碰撞检查"下拉列表中"显示上一个报告"，如图 5-105 所示。该工具不会重新运行碰撞检查。

图 5-105

同目前在二维图纸上进行管线综合相比，使用 Revit 进行机电综合，不仅具有直观的三维显示，而且能快速准确地找到并修改碰撞的图元，从而极大地提高进行机电综合的效率和正确性，使项目的设计和施工质量得到保证。

5.5　工程量统计

工程量统计是通过明细表功能来实现的，明细表是 Revit 软件的重要组成部分。通过定制明细表，用户可以从所创建的 Revit 模型（建筑信息模型）中获取项目应用中所需要的各类项目信息，应用表格的形式直观地进行表达。本节会讲述如何使用明细表来统计工程量。

5.5.1 创建实例明细表

① 单击"分析"选项卡，然后点击"报告和明细表"中"明细表/数量"按钮，选择要统计的构件类别，如风管，设置明细表名称及明细表应用阶段，单击"确定"按钮，弹出"新建明细表"对话框，如图 5-106 所示。

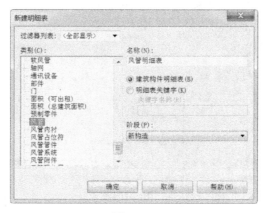

图 5-106

② 在弹出的"明细表属性"对话框中，在"字段"选项卡中，从"可用的字段"列表框中选择要统计的字段，如说明、长度等，然后单击"添加"按钮将所选字段移动到"明细表字段"列表框中，"上移""下移"按钮用于调整字段顺序，如图 5-107 所示。

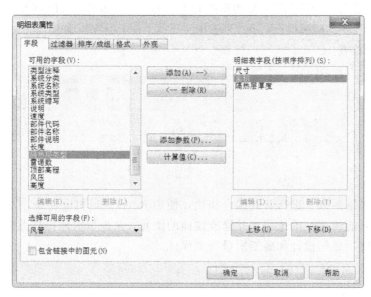

图 5-107

③ 在"过滤器"选项卡中，设置过滤器可以统计其中部分构件，不设置则统计全部构件，在这里不设置过滤器，如图 5-108 所示。

④ 在"排序/成组"选项卡中，设置排序方式，可供选择的有"总计""逐项列举每

图 5-108

个实例"复选框。勾选"总计"复选框，在其下拉列表中有 4 种总计的方式。勾选"逐项
列举每个实例"复选框则在明细表中统计每一项，如图 5-109 所示。

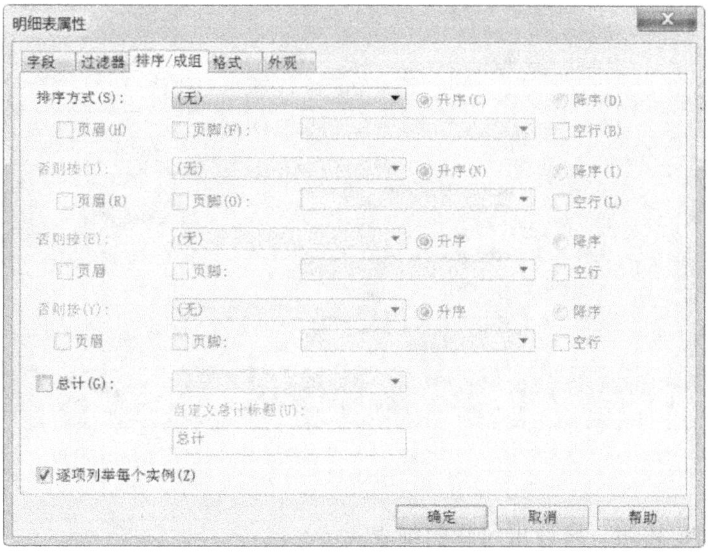

图 5-109

　　⑤ 在"格式"选项卡中，设置字段在表格中的标题（字段和标题名称可以不同，如
"尺寸"可修改为"长度"）、标题方向、对齐，需要时勾选"计算总数"复选框，统计此
项参数的总数，如图 5-110 所示。
　　⑥ 在"外观"选项卡中，设置表格线宽，标题、正文、标题文本文字的字体与字号
大小，单击"确定"按钮，如图 5-111 所示。

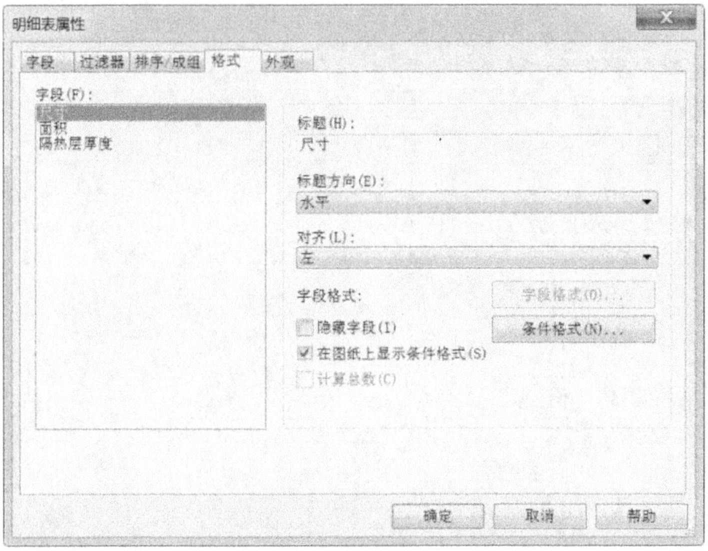

图 5-110

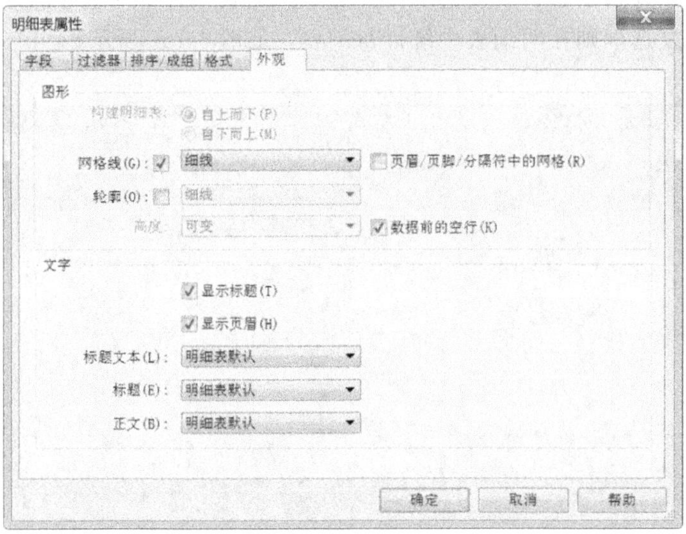

图 5-111

最后点击确定按钮，统计出风管明细表。

5.5.2　编辑明细表

当明细表需要添加新的字段来统计数据时，可通过编辑明细表来实现。在"属性"对话框中单击字段后的"编辑"按钮，如图 5-112 所示，弹出"明细表属性"对话框，选择需要的字段，如"宽度"，单击"添加"按钮，然后再单击"上移""下移"按钮调整字段的位置，最后单击"确定"按钮，即可完成字段的添加，如图 5-113 所示。此时在明细表中添加了"宽度"的参数统计。

图 5-112

图 5-113

第6章 BIM 建筑设备综合应用

本章结合一新建项目的实际需求，从建设方的角度开展 BIM 技术在建筑设备专业的应用介绍，从该项目的施工准备阶段切入，根据该项目的变更增量及图纸会审、运行调试等问题出发，通过对该项目的施工图设计阶段、竣工验收阶段和运营阶段的 BIM 技术应用，探索 BIM 技术在建筑全生命周期中起到的独特作用，以及运用该技术在建筑全生命周期中能够给全行业工作者所带来的收益情况。

6.1 建筑设备设计阶段的 BIM 技术

BIM 技术在建筑设备设计阶段的应用主要包括可视化设计、正向设计、协同设计、管线综合、碰撞检查、管线深化和优化、性能化分析、逐时负荷模拟、工程量统计和造价计算等。虽然 BIM 技术可实现建筑全部信息的数字化表达，可在项目的全生命周期应用，且在我国的应用已经进入到快速发展阶段，但是由于设计、安装、运营的委托是分阶段确定的，施工仍然要求依据 CAD 出图，BIM 技术对于硬件、软件、人力、学习等配置的要求较高等原因，目前多数项目仅建立模型作为加分项，或者进行 CAD 图纸的翻模工作。真正利用 BIM 正向设计技术开展设计工作的项目不多，进行分析工作的更少，但是，设计阶段的信息模型是建筑全生命周期的开端也是基础根基。由此可见，只有建筑行业抛弃传统思维、大胆尝试，设计人员尝试学习新的知识，才能真正推动 BIM 技术在建筑全生命周期的应用。

本节利用 BIM 概念下的 Revit、Navisworks 核心建筑模拟软件构建三维可视化建筑模型，结合现实工程中新增消防要求而导致重新审核设计方案的问题，通过净高验算以及利用 Fluent 进行气流组织模拟分析对拟定的三种空调设计方案加以优选。通过管网综合碰撞检查对建筑机电系统空间走向排布加以优化，对 BIM 技术在建筑设计阶段的应用进行介绍。

在设计阶段选取该建筑中具有较多功能的活动室作为研究对象，该房间原设计不加吊顶，空调设于走廊一边侧送风，因为自动喷淋系统的增项变更而需要对空调设计方案进行调整。活动室的建筑面积为 $91.2m^2$，进深 12m，开间 8.4m，层高 3.6m。主次梁相交，尺寸分别为 500mm×300mm×12000mm 和 500mm×500mm×8400mm。房间朝东，南北分区，其中北侧为休息区，南侧为活动区。图纸见图 6-1。

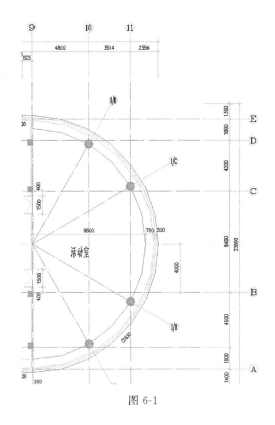

图 6-1

设计阶段选取建筑的主要功能房间——活动室作为研究对象。该房间为大面积、多功能、低层高，需考虑结构、装修、区域划分和使用需求等影响因素，对房间的安全性、舒适性和美观性等均有较高要求。活动室对空调设计有分区、分时段调控的需求，要求空调设备及其系统有较高的灵活性。同时，室内垂直温度梯度及竖向速度梯度不宜过大。因此，该建筑的空调送风设计不能简单套用一般公共建筑的空调设计方案，需要提出一套能够满足多元化需求的空调设计方案。利用 BIM 技术可以很好地提供解决方案。

6.1.1　设计方案碰撞检查

选择 BIM 家族中的 Revit 软件进行建筑、结构、空调、消防、地热、电气、给排水等部分的综合模拟，见图 6-2。

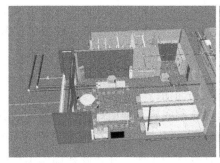

图 6-2

将已建好的 Revit 模型导入 Navisworks 中进行再加工——综合管网碰撞检查。

通过对三维项目模型中潜在冲突进行有效的辨别、检查与报告，Navisworks 能够起到减少错误频出的手动检查的作用。Navisworks 支持用户检查时间与空间是否协调，改进场地与工作流程规划。通过对三维设计的高效分析与协调，用户能够进行更好的控制，及早预测和发现错误，避免因误算造成的昂贵代价。该软件可以将多种格式的三维数据，无论文件的大小，合并为一个完整、真实的建筑信息模型，以便查看与分析所有数据信息。

Navisworks 能够将精确的错误查找功能与基于硬冲突、软冲突、净空冲突与时间冲突的管理相结合，快速审阅和反复检查由多种三维设计软件创建的几何图元，对项目中发现的所有冲突进行完整记录，检查时间与空间是否协调，在规划阶段消除工作流程中的问题。基于点与线的冲突分析功能则便于工程师将激光扫描的竣工环境与实际模型相协调。

使用 Navisworks 碰撞检查相较 Revit 自带的碰撞检查功能，其工作界面更加友善，对于计算机的配置要求更低。但使用 Navisworks 碰撞检查得到碰撞结果后需要返回 Revit 中对模型的碰撞问题进行修改。图 6-3 为设计阶段采用 Navisworks 碰撞检查的检查结果。

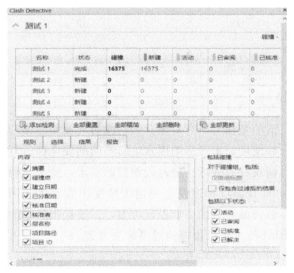
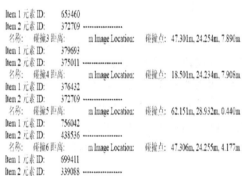

图 6-3

Navisworks 进行碰撞检查的主要步骤为附加文件、进行碰撞设置、依据碰撞报告确定碰撞点信息。通过确认 ID、图像、轴网位置等信息，返回 Revit 中对碰撞问题进行修改，最终达到建筑模型无碰撞问题的结果。采用 Navisworks 可以图文并茂的形式清晰反映出现碰撞问题的位置及其原因。Navisworks 提高了模型优化的效率，可减少反复寻找检查模型的重复工作，能够提前化解施工阶段各专业间的矛盾。解决检查出的碰撞问题的方法是：找到出现问题的具体位置，通过对模型的局部管网或建筑等进行微调，确保各部分之间相互不再出现碰撞的问题，进一步使模型得到优化。

在传统的深化设计方法中，常常会因为平面设计空间感不强的原因，忽略管线贯穿预留孔洞的情况。在现场施工时也会出现由于管道位置变更造成预留孔洞无法使用，进而导致现场凿洞的不良情况，严重影响施工阶段的工程进度和工期，存在破坏已完工程的潜在危险。通过碰撞检查，重新调整和排布机电系统的管道空间走向，及时调整原图纸预留孔洞的位置，可以极大地避免这种现象。

6.1.2　设计方案调整

　　建筑在设计之初未考虑自动喷淋系统，在施工前因不符合防火规范的要求被强制要求修改设计增设，空调设计方案和装修方案需要随之进行调整，增设全室吊顶。为此依据空间占用少、净高大、经济的设计原则提出了三种空调调整方案，利用 BIM 建立模型进行研究来确定最佳调整方案。选择 Revit 软件建模，通过精准确定三种方案中空调机等设备的位置高度来提高方案模拟中的精确性，并利用 BIM 模型的可视化功能检验其安装效果。

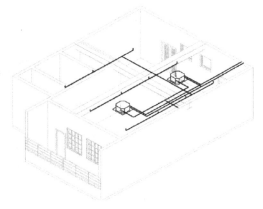

图 6-4

　　考虑该建筑为独立建筑，未设置机房，层高低，且周围建筑均非空调建筑，故采用多联机系统，将室外机设于屋顶。三种方案分别为顶送四面出风、北侧送风和西侧送风，依次对应为方案一、方案二、方案三，其中方案一中空调机采用四面出风中间回风而不是一般的顶送风口分设的风管送风方式。活动室的净高依据基于 Revit 软件建立的活动室模型及自动喷淋、空调冷媒管和冷凝水管道的综合模拟确定。三种方案示意图分别见图 6-4～图 6-6。

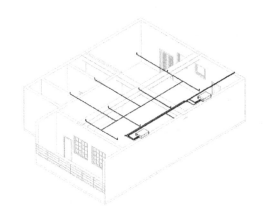

图 6-5

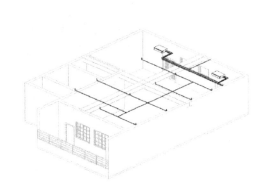

图 6-6

　　由于活动室的空调设计考虑因素较多，因此，采用 BIM 能耗软件 Energy Plus 对房间进行负荷模拟，并采用 Fluent 对三种方案进行的气流组织数值模拟，对空调的运行效果进行模拟检验，从而确定最佳的空调送风设计方案。

　　空调设计参数为：设计温度 25℃，风速 0.15～0.3m/s，总冷负荷 100W，人数 35人，人均新风量 30m^3/h，换气次数 3 次/h。采用 Energy Plus 对幼儿活动室进行最不利天气逐时负荷模拟，结果见图 6-7。

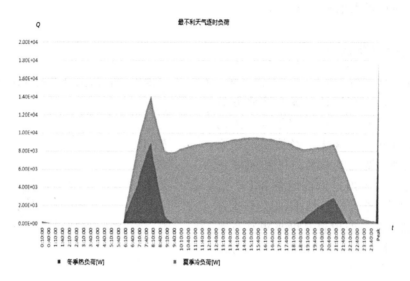

图 6-7

　　因该房间朝东且具有大面积玻璃窗，早上的太阳辐射透射及人员集中进入导致了上午八点左右的峰值，夜间的峰值及 peak 值的出现是由于围护结构的蓄热作用导致峰值延迟。

　　由于活动室的多功能性，对模拟云图分别截取 $x=1m$、$y=3m$、$y=11m$、$z=0.4m$、$z=1.2m$ 等几个典型位置进行分析。其中 $x=1m$ 处代表更衣处，$y=3m$ 处代表活动区域，$y=11m$ 处代表休息区，$z=0.4m$、$z=1.2m$ 处代表活动高度。

　　方案一：x 方向的气流组织模拟结果如图 6-8 所示（$x=1m$）。

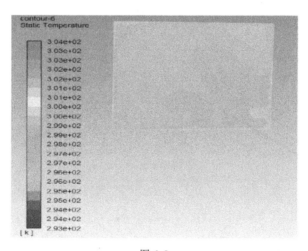

图 6-8

　　y 方向的气流组织模拟结果如图 6-9 所示，图 6-9（a）为 $y=3m$。图 6-9（b）为 $y=11m$。

　　z 方向的气流组织模拟结果如图 6-10 所示，图 6-10（a）为 $z=0.4m$，图 6-10（b）为 $z=1.2m$。

　　方案二：x 方向的气流组织模拟结果如图 6-11 所示（$x=1m$）。

　　y 方向的气流组织模拟结果如图 6-12 所示，图 6-12（a）为 $y=3m$，图 6-12（b）为

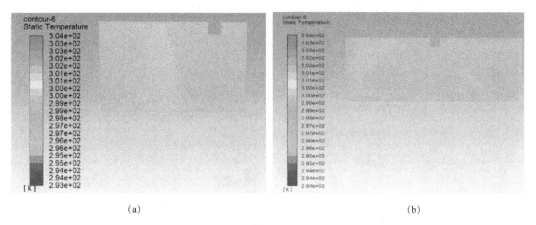

(a)　　　　　　　　　　　　　　　　(b)

图 6-9

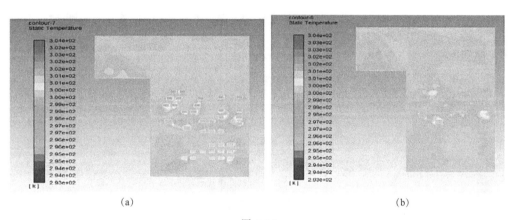

(a)　　　　　　　　　　　　　　　　(b)

图 6-10

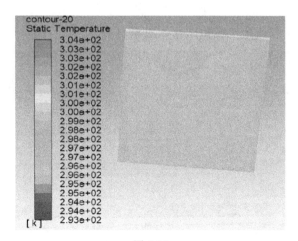

图 6-11

$y=11\text{m}$。

z 方向的气流组织模拟结果如图 6-13 所示，图 6-13（a）为 $z=0.4\text{m}$，图 6-13（b）为 $z=1.2\text{m}$。

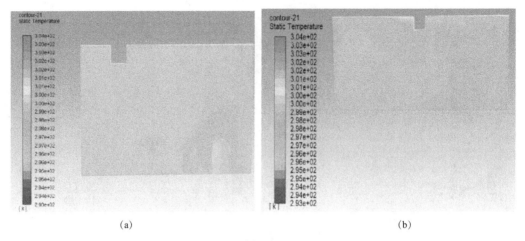

图 6-12

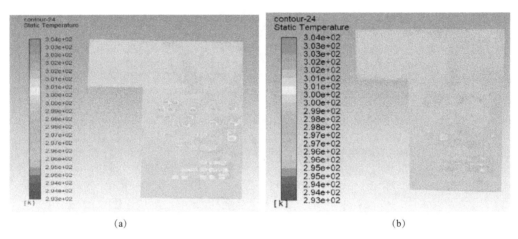

图 6-13

方案三：x 方向的气流组织模拟结果如图 6-14 所示（$x=1$m）。

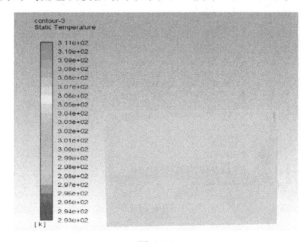

图 6-14

y 方向的气流组织模拟结果如图 6-15 所示，图 6-15（a）为 $y=3$m，图 6-15（b）为

$y=11\text{m}$。

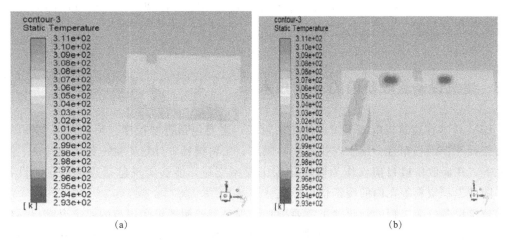

图 6-15

z 方向的气流组织模拟结果如图 6-16 所示，图 6-16（a）为 $z=0.4\text{m}$，图 6-16（b）为 $z=1.2\text{m}$。

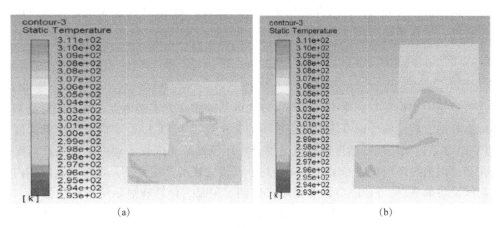

图 6-16

通过模拟结果可知，虽然侧送风和顶送风都能形成贴附射流，但北侧侧送风不能满足分区调控的要求，不采用风管送风的空调系统应分区设置室内机。西侧侧送风和顶送风均能够满足设计要求，但顶送四面出风方案在竖向和水平方向的均匀性更好。

温度方面：方案一中仅有 $z=1.2\text{m}$ 处的截面温度范围超出设计标准 26℃，但该位置为成人的活动范围，高出设计标准 1℃对于成人的舒适度影响不大。方案二中五处截面的温度皆不符合设计标准，其中 $y=3\text{m}$、$z=0.4\text{m}$、$z=1.2\text{m}$ 处的温度偏离尤其多，对于人员来说偏冷，容易引发人员不适。方案三的可调控能力差，五处界面的室内温度分布不均且超出设计标准，因此不推荐采用此方案。

通过设备选型计算，确定方案一的空调设备为两台型号为 RFT（D）22MX（N）的四面出风嵌入机，方案二、三的空调设备是两台型号为 RFUT（D）22MX-C（N）的低静压侧送风管机。三种方案的层高及初投资结果为：方案一层高 2.4m，初投资 12480 元；方案二层高 2.3m，初投资 10500 元；方案三层高 2.3m，初投资 10460 元。

　　综上，依据活动室的温度的设计标准，并结合温度场的均匀分布情况、空调布置和分区调控的可行性、造价计算、Revit 层高模拟，确定方案一即顶送四面出风中间回风的布置方式为最佳方案。

6.2　建筑设备验收阶段的 BIM 技术

　　BIM 技术在建筑机电施工阶段的应用较多，主要包括进度控制、预留预埋定位出图、支吊架设计、现场布置、施工安排、物料跟踪、工料统计、计量支付、数字化建造、技术交底等，在验收阶段目前仅作为数字化竣工模型交付，能够实现包括建筑信息、设备信息、隐蔽工程资料等在内的竣工信息集成。

　　建筑设备安装工程的验收除了需要检查工程是否按照图纸和规范的要求全部保质保量完成以外，还要通过对设备和管网进行运行调试来保证建筑机电系统工作正常。最终室内热湿环境是否能够达到设计效果，需要按照供暖和空调的不同类型区别对待，其中工艺性空调采用现场定量测试加以检验，而舒适性空调和供暖系统目前仅凭体感和目测主观评定不够严谨和全面。因此，本节利用 BIM 系统的能耗模拟专业分析软件 Energy Plus 对室内热湿环境进行舒适性分析，并结合现场实测进行比较，对 BIM 在建筑设备验收阶段的应用开展研究，旨在拓展 BIM 在验收阶段的应用。

6.2.1　验收实测

　　选取建筑中结构复杂、使用时间跨度较大的活动室作为实测地点。通过测量活动室室内环境热舒适参数检验空调供热效果。采用的测试仪器为 JT-IAQ 室内热环境舒适度测试仪。JT-IAQ 室内热环境舒适度测试仪是综合热环境领域先进技术理论成果及高精度传感器，在多位国内热环境权威专家的共同参与下开发完成的高端仪器，填补了我国国内热舒适度测试设备的空白。JT-IAQ 主要是用来监测、记录、计算和显示室内环境数据，并自动计算 WBGT、PMV-PPD 等重要热环境参数，为暖通空调及建筑热环境等研究和检测提供准确可靠的数据。JT-IAQ 的便携式设计使它可应用于不同的环境，全面的传感器选用和数据的生成符合 ISO 及国家标准。另外，与 JT-IAQ 配套的 Windows 软件使数据的计算和显示更加直观、方便。该仪器主要测量参数为：空气温度 T_a（℃）、黑球温度 T_g（℃）、湿球温度 T_{nw}（℃）、相对湿度 R_H（%）、微风风速 V_a（m/s）、二氧化碳浓度（ppm）[1]、辐射热 T_R（W/m^2）。通过以上 7 个参数再由计算得出测量点的 PMV、PPD 值。PMV 和 PPD 测量结果见图 6-17 和图 6-18 所示。

　　由图 6-17 可知，在测试期间，该活动室内 90% 的测量点满足热舒适标准。在 13：00 时活动室内 PMV=0 的点数最多。房间角落，距空调送风口较远，根据 9：00、11：00 两组数据来看偏冷。该房间为活动室，高频率使用时间主要集中于午休后，该时间段的太阳辐射较强，能够减轻偏冷程度。由图 6-18 可以看出，所有测试数据均满足 PPD≤27% 这一基本条件。

---

　　[1]　1ppm＝1mg/L

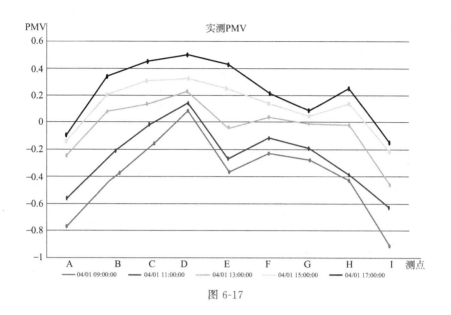

图 6-17

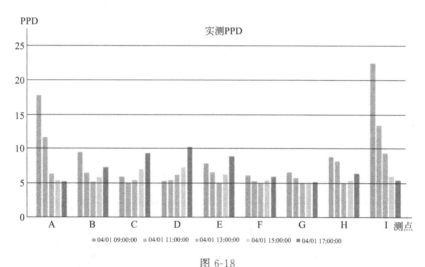

图 6-18

6.2.2　验收阶段 BIM 模拟

　　由于不同的功能需求对应不同的使用时间段，因此该房间使用时间跨度较大，单纯一个时间节点的实测不能代表其运行效果，需要结合数值模拟加以验证。验收指标选择 PMV-PPD，通过 PMV-PPD 判断空调房间热舒适性，通过对该指标的测试并结合模拟来判断工程是否能够交付使用。因此选择该房间建立模型进行验收阶段的室内热舒适性测评。

　　采用 SketchUp 2017 软件构建房间模型，以 IDF 格式输出文件，导入 Energy Plus 中进行参数设定、空调系统搭建等工作并输出 PMV、PPD 值。在 Energy Plus 中设置计算所需的参数，包括气象参数设置、算法设置、建筑材料设置、地面参数设置、schedule 模块设置、构建空调系统、电器设备设置、照明设置、人员参数设置、output 设置等。其中最主要的参数为气象参数、构建空调系统以及人员参数设置。BIM 模拟结果见图 6-19

和图 6-20 所示。

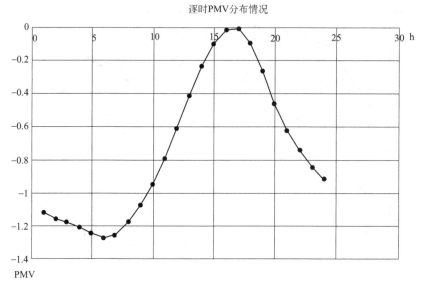

图 6-19

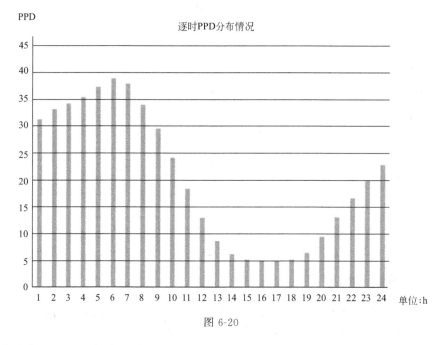

图 6-20

该建筑使用时间一般为工作日的 7：00～17：00，空调的运行时间按使用时间确定。因此对于得到的 24h 逐时 PMV-PPD 模拟结果只要重点研究 7：00～17：00 时间段的热舒适性即可。由图 6-18 可知，在 15：00～17：00 时间段的 PMV 约等于 0，即为舒适环境，由于模拟时空调开启时间为工作日 9：00，由图 6-18 可知，要使活动室使用时处于最舒适环境，应在使用前 2h 开启空调进行预热。由图 6-19 可见，10：00～17：00 时间段均符合 PDD≤27％这一不满意度标准。

通过模拟计算发现计算结果与实际情况的变化趋势较符合，但模拟计算结果比现实测量结果要低，也就是说模拟计算可以粗略判断一个房间的热舒适性，但与现实测量相比现实的情况更加复杂。由此可以得出，运用 Energy Plus 对建筑进行热舒适模拟可以判断该建筑的舒适性范围，Energy Plus 热舒适性模拟可以作为验收的一种手段，相比实测能够更全面地检验建筑设备系统的运行效果，通过逐时模拟安排房间的使用，提高工程中建筑的热舒适性，为人们提供更好的居住、工作环境，提高工作效率和生活质量。

验收阶段采用 BIM 能耗模拟进行逐时热舒适性指标的模拟计算与实测相结合的方式能够全面评估建筑的热舒适性。虽然模拟计算与实测存在差别，但模拟数据趋势与实测相同，能够给出逐时的全场数据，且处于舒适范围的模拟数据与实测存在 75% 的重合。该应用可作为建筑设备安装工程的验收方法，辅助实测进行全面评估，代替主观感受式的传统验收方式。

6.3　建筑设备运营阶段的 BIM 技术

建筑运营管理是指建筑在竣工验收完成并投入使用后，整合建筑内人员、设施及技术等关键资源，通过运营充分提高建筑的使用率，降低它的经营成本，增加投资收益，并通过维护尽可能延长建筑的使用周期而进行的综合管理。随着建筑生命周期的发展，有关建筑相关的各种数据日渐庞大，传统设计的运营阶段文件管理方式已经无法满足需求，且极易造成文件错漏、丢失。本节对建筑的运营阶段运用 BIM 技术，证明 BIM 在建筑运营阶段可以为建筑设备系统的运营管理提供新的优势及亮点，基于 BIM 平台的数字化管理模式能够保证信息数据不会丢失，利用 BIM 关联软件能够对建筑设备系统进行经济性分析，通过 BIM 模型的可视化特性能够进行疏散模拟演示和效果展示，进而在建筑运营阶段降低运营和宣传成本，提高建筑投入使用后的收益，增强运营竞争力。

6.3.1　运营阶段 BIM 模拟

在运营阶段选取整个建筑进行 BIM 模拟。该建筑的建筑面积为 $3649.9 m^2$，建筑总高 12.6m，地上建筑层数为 3 层，是一座集活动室、图书阅览室、办公室等功能于一体，设备完善的公共建筑。建筑 BIM 模型见图 6-21。

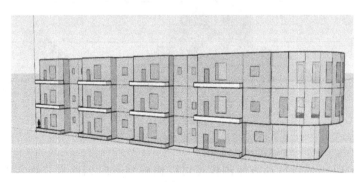

图 6-21

由 Revit 模型间接导入 Energy plus 中进行建筑空调负荷分析。Energy plus 在模拟负荷时采用的是热平衡法，它将热平衡分为围护结构表面热平衡和空气热平衡两部分。在计算不透明围护结构传热时，一般采用 CTF（Conduction Transfer Function）或有限差分法。CTF 实质上是一种基于墙体内表面温度的反应系数法，是计算表面热流的有效方法，因为它不需要知道表面的温度及热流。按照实际对建筑墙体结构和设计参数进行赋值，对最不利的冬夏两个典型天气进行空调负荷模拟，模拟结果见图 6-22 和图 6-23。

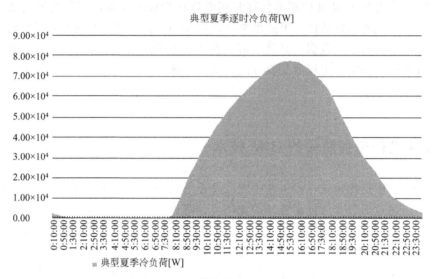

图 6-22

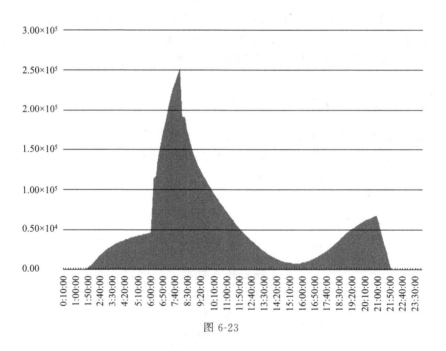

图 6-23

　　采用 Energy plus 进行负荷方面的模拟可以精确到逐时、逐月、逐年的负荷数据，空调系统可以根据该数据自动进行全年冷量调节。对于运营阶段来说，BIM 的这项功能为降低运营成本起到了强大的技术支持作用，开创了将运营管理与建筑设备相结合的现代化运营模式。

　　Energy plus 的经济模块可以通过赋值进行建筑能耗方面的模拟并输出结果，能够通过现有数据参数模拟预测建筑内部全年逐时能耗变化情况，其中建筑能耗包括：建筑内部的照明、设备，建筑中所用的 HVAC 设备和系统等。应用 Energy plus 经济模块对本例建筑模型进行了全年逐月的能耗及经济性模拟，直观地展现了在运营阶段 Energy plus 技术对建筑全年能耗的预测能够大幅度降低运营成本这一功能的可实施性及准确性。模拟结果见图 6-24。

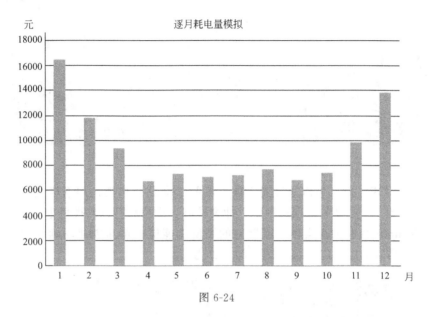

图 6-24

从图中可以清晰地得出 1 月和 12 月的能耗较多，4 月、6 月、7 月及 9 月的能耗较少。Energy plus 的全年经济性预测表明，能耗分布不均，冬季偏多，随着季节转暖至夏季逐渐减少。在基础参数设定中模型的空调系统为 VRV 系统，其运行模式为夏天供冷、冬天供热。模拟预测冬季能耗较大的原因是冬天照明系统的能耗占比较大，随着天气的转暖，白天变长，照明时长随之减少，因此夏季照明系统能耗减少。模拟结果中 8 月有小幅度回升，这是因为 8 月温度较高，对于空调系统的供冷需求增大，导致能耗比 7 月及 9 月增加。

该建筑能耗构成中，照明及空调系统、设备占据较大的部分，而照明及空调系统的能耗需求量会随着全年时间的变化而变化，空调能耗相比照明能耗更复杂，还会随着室内人员数量和太阳辐射的变化而变化，且与照明能耗有耦合关系，因此采用 Energy plus 能耗模块预测全年建筑能耗的变化趋势可以在运营阶段辅助管理人员进行能耗方面的运营管理，能够让建筑机电系统的自动控制实现预测控制，使得系统运行更加平稳，控制参数波动减小，室内环境更加舒适节能。

因此，在运营阶段，BIM 技术对建筑全年能耗的预测能够大幅度降低建筑运营成本，可用于楼宇自动化管理和建筑设备系统的运行管理，还可作为企业制定预算计划和建筑供配电设计的参考。

6.3.2　运营阶段 BIM 漫游

使用 Navisworks 软件对 Revit 构建的模型进行可视化处理，包含对模型中建筑材料的设置、光效设置、外环境模拟、模型渲染等工作。建筑模型可视化使三维模型的外观更加贴近真实的建筑，是 BIM 技术在运营阶段应用的一个突出优势。建筑可视化效果见图 6-25 所示。

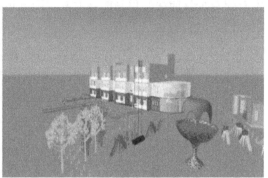

图 6-25

Navisworks Simulate 可以兼容大多数主流的三维设计和激光扫描格式，能够快速将三维文件整合到一个共享的虚拟模型中。冲突检测、重力和第三方视角进一步提高了 Navisworks Simulate 体验的真实性。该软件的漫游功能能够快速创建动画和视点，并以影片或静态图片格式输出。BIM 漫游图见图 6-26 所示。

图 6-26

参 考 文 献

［1］ 何关培. BIM 总论［M］. 北京：中国建筑工业出版社，2011.

［2］ 张江波. BIM 的应用现状与发展趋势［J］. 创新科技，2016(01)：83-86.

［3］ 郑国勤，邱奎宁. BIM 国内外标准综述［J］. 土木建筑工程信息技术，2012(01)：32-34.

［4］ Travaglini A, Radujkovic M, Mancini M. Building Information Modelling (BIM) and ProjectManagement: a Stakeholders Perspective［J］. Organization Technology & Management in Construction An International Journal, 2014, 6(2): 1001-1008.

［5］ 纪博雅，戚振强. 国内 BIM 技术研究现状［J］. 科技管理研究，2015,35(06)：184-190.

［6］ 于贵书. BIM 技术在管网综合设计中的探究与应用［D］. 大连：大连理工大学，2016.

［7］ 黄骞，陈哲，陈群. BIM 技术在建筑业全面推广应用策略研究［J］. 福建建筑，2017(12)：103-107.

［8］ Heap-Yih, Wang J, Wang X, et al. Building information modeling-based integration of MEP layout designs and constructability［J］. Automation in Construction, 2016, 61: 134-146.

［9］ Lee G, Kim, Jonghoon "Walter". Parallel vs. Sequential Cascading MEP Coordination Strategies: A Pharmaceutical Building Case Study［J］. Automation in Construction, 2014, 43: 170-179.

［10］ 章梦晨. 基于 BIM 的机电安装工程深化设计应用研究［D］. 广州：广州大学，2016.

［11］ 克里斯·摩尔，杰弗里·奥莱特，王娜. 美国国家 BIM 标准第三版推动建筑工程施工业主经营者领域的进步［J］. 土木建筑工程信息技术，2014,6(02)：20-23.

［12］ 杨远丰，蔡晓宝. 三维管线综合设计实践与技术探讨［J］. 建筑技艺，2011(Z1)：154-159.

［13］ 谭智威. 基于 BIM 技术的某工业厂房综合管线优化设计［J］. 洁净与空调技术，2018(1)：74-76.

［14］ 吴婷婷. 基于 BIM 技术的机电管线防碰撞研究［D］. 广州：广东工业大学，2016.

［15］ 刘临西. 建筑综合管线优化策略研究［D］. 广州：华南理工大学，2012.

［16］ 刘媛媛. 基于 BIM 的管线综合方案评价研究［D］. 南昌：南昌大学，2018.

［17］ Pishdad-Bozorgi P, Gao X, Eastman C. Planning and developing facility management-enabled building information model (FM-enabled BIM)［J］. Automation in Construction, 2018, 87: 22-38.

［18］ 张丽丽. 参数化 BIM 建筑设计技术的发展及应用［J］. 智能建筑与智慧城市，2019,(1)66-67.

［19］ 雷霆. 传统设计行业升级背景下的 BIM 正向设计研究［D］. 青岛：青岛理工大学，2019.

［20］ 傅强. 某建设项目 BIM 辅助协同设计的分析［D］. 北京：清华大学，2019.